T0245453

CAMBRIDGE LIBRARY COLLECTION

Books of enduring scholarly value

Earth Sciences

In the nineteenth century, geology emerged as a distinct academic discipline. It pointed the way towards the theory of evolution, as scientists including Gideon Mantell, Adam Sedgwick, Charles Lyell and Roderick Murchison began to use the evidence of minerals, rock formations and fossils to demonstrate that the earth was older by millions of years than the conventional, Bible-based wisdom had supposed. They argued convincingly that the climate, flora and fauna of the distant past could be deduced from geological evidence. Volcanic activity, the formation of mountains, and the action of glaciers and rivers, tides and ocean currents also became better understood. This series includes landmark publications by pioneers of the modern earth sciences, who advanced the scientific understanding of our planet and the processes by which it is constantly re-shaped.

Fragmens de géologie et de climatologie Asiatiques

Prussian explorer Alexander von Humboldt (1769–1859) was one of the most respected scientists of his day, influencing the work of Darwin. He is considered the founder of physical geography, climatology, ecology and oceanography. In 1829, the Russian government invited Humboldt to visit the gold and platinum mines in the Urals. As he studied the mountains' mineral wealth, he was the first to predict the presence of diamonds. During six months, his epic 10,000-mile expedition took him as far as the Altai Mountains and the Chinese frontier. Humboldt's observations on the geography, volcanic geology and meteorology of Central Asia, being then a largely unexplored territory, were acknowledged as pioneering contributions. The results of his journey also provided much of the data used in part of his great work *Kosmos*. The second volume of this book, published in 1831, deals with the hydrology and climatology of Central Asia.

Cambridge University Press has long been a pioneer in the reissuing of out-of-print titles from its own backlist, producing digital reprints of books that are still sought after by scholars and students but could not be reprinted economically using traditional technology. The Cambridge Library Collection extends this activity to a wider range of books which are still of importance to researchers and professionals, either for the source material they contain, or as landmarks in the history of their academic discipline.

Drawing from the world-renowned collections in the Cambridge University Library and other partner libraries, and guided by the advice of experts in each subject area, Cambridge University Press is using state-of-the-art scanning machines in its own Printing House to capture the content of each book selected for inclusion. The files are processed to give a consistently clear, crisp image, and the books finished to the high quality standard for which the Press is recognised around the world. The latest print-on-demand technology ensures that the books will remain available indefinitely, and that orders for single or multiple copies can quickly be supplied.

The Cambridge Library Collection brings back to life books of enduring scholarly value (including out-of-copyright works originally issued by other publishers) across a wide range of disciplines in the humanities and social sciences and in science and technology.

Fragmens de géologie et de climatologie Asiatiques

VOLUME 2

ALEXANDER VON HUMBOLDT

CAMBRIDGE UNIVERSITY PRESS

Cambridge, New York, Melbourne, Madrid, Cape Town,
Singapore, São Paolo, Delhi, Mexico City

Published in the United States of America by Cambridge University Press, New York

www.cambridge.org
Information on this title: www.cambridge.org/9781108049436

This edition first published 1831
This digitally printed version 2012

ISBN 978-1-108-04943-6 Paperback

FRAGMENS
DE GÉOLOGIE
ET
DE CLIMATOLOGIE
ASIATIQUES,

PAR

A. DE HUMBOLDT.

TOME SECOND.

PARIS,
GIDE, rue S.-Marc, nº 20.
A. PIHAN DELAFOREST, rue des Noyers, nº 37.
DELAUNAY, au Palais-Royal.
1831.

CONSIDÉRATIONS

SUR

LA TEMPÉRATURE ET L'ÉTAT HYGROMÉTRIQUE DE L'AIR

DANS QUELQUES PARTIES

DE L'ASIE

La configuration de l'Asie centrale ou Haute-Asie, et la grande *dépression* de la partie N.-O. (le Kaptchak, le Kharesm, les bassins de la Caspienne et de l'Aral, le Touran des orientaux), exerçant une influence puissante sur le climat et la succession des phénomènes météorologiques, nous allons consigner ici quelques fragmens des mémoires que M. de Humboldt a lus dans les séances de l'Institut pendant le cours des mois de mai et de juin 1831.

« Comme dans l'état actuel de nos connaissances, la forme des terres, la configuration du sol considérée dans son étendue horizontale ou selon l'inégalité de courbure de sa surface, la position relative des masses opaques (continentales) et des masses diaphanes et liquides (pélagiques), la direction des grands systèmes de montagnes et la prépondérance relative de certains vents, déterminée par les pouvoirs calorifiques (absorbans et émissifs) de l'enveloppe du globe, ont été reconnus être les causes principales de la différence des climats; de grandes vues géographiques seules peuvent guider dans les recherches sur les températures d'Asie. En voyant augmenter rapidement la rigueur des hivers, à mesure que sur un même parallèle de l'Europe occidentale on se dirige vers l'est, on a expliqué long-temps (1)

---

(1) Voyez les opinions de Gmelin, de Strahlen-

ce phénomène par un exhaussement progressif du sol en vastes plateaux ; on a attribué à une seule cause frigorifique et à une cause faussement supposée existante dans une immense étendue, ce qui appartient à plusieurs causes à la fois, surtout à l'élargissement uniforme de l'ancien continent, à l'éloignement des côtes occidentales, c'est-à-dire d'un bassin de mer, réservoir d'une chaleur peu variable, placé à l'ouest ; aux vents occidentaux, qui sont des vents de terre pour l'est de l'Europe et toute l'Asie, dominans au nord du tropique. Des mesures barométriques précises ont entièrement changé les idées qu'on s'était formées de l'exhaussement du sol dans cette partie du monde. Le seuil, ou point culminant,

---

berg et de Mairan, dans les *Mém. de l'Acad.*, 1765, p. 255.

entre la Mer Noire et le Golfe de Finlande, atteint dans le Waldaï, à peine 170 toises de hauteur au-dessus du niveau de l'Océan. Les sources du fleuve Wolga, un peu à l'occident de l'Ozero Seliger (1), n'ont pas 140 toises d'élévation absolue, d'après un nivellement par stations de M. Helmersen (2). On donnait jadis (3), et l'abbé Chappe se

(1) Ce n'est pas de ce lac, duquel découle le Selischarofska Reka, mais du petit lac Pterche que naît le majestueux Wolga.

(2) *Notes manuscrites* de ce jeune savant qui, conjointement avec son ami, M. Hofmann (le géologue du dernier Voyage autour du monde entrepris par le capitaine Kotzebue), m'a accompagné dans l'Oural méridional et de Slatoust à Orenbourg et à la mine de sel gemme (Ilezkaya Sachtchia), dans le step des Kirghizes.

(3) *Chappe. Voyage en Sibérie,* T. II, p. 485 et 502. *Journ. de Phys.*, T. XXXIX, p. 40.

vantait d'une certitude de 2 toises, à la ville de Moscou, au niveau de la rivière Moscowa, la hauteur de 269 toises ; mais ce point, placé entre le *Haut-Wolga* et le bassin de l'Oka, par conséquent sur la pente méridionale du continent, s'abaissant depuis le *seuil* ou la *ligne de faîtes* du Waldai vers la mer Noire et la Caspienne, n'a que 76 toises. Kazan, près du *cours moyen* du Wolga, n'a même que 45 toises au-dessus du niveau de l'Océan (non au-dessus de la Mer Caspienne), en supposant la hauteur barométrique moyenne (1) océanique réduite à zéro de température, avec M. Arago, de $760^{mm},85$.

Le peu de hauteur à laquelle ont été soulevées ces masses continentales dans

(1) Voyez ma *Rel. hist.*, T. III, p. 314 et 356

l'est de l'Europe, est très digne d'attention si l'on considère ce phénomène sous le point de vue du *relief moyen* des continens, en faisant abstraction du phénomène partiel et plus récent des chaînes de montagnes et des intumescences locales que présente quelquefois le sol des plaines dans le voisinage des chaînes. Moscou et Kazan, où MM. Perevostchetof, Simonoff et Lobatchewsky ont fait un si grand nombre d'excellentes observations barométriques, et avec des instrumens comparés entre eux et aux baromètres de Fortin à l'Observatoire de Paris, sont placés au milieu de vastes terrains couverts de formations tertiaires et en partie secondaires, à la grande distance de 230 ou 250 lieues (1) (de 25 au dégré équa-

(1) Plus que toute la largeur de la France et de l'Allemagne.

torial) de la Mer Caspienne, de celle d'Azof et du Golfe de Finlande. Une convexité de la superficie également faible se retrouve dans la partie centrale de la Pologne où, d'après M. Eichwald (1), la ferme de Belin, près de Pinsk, n'est élevée que de 68 toises, et le plateau d'Osmana de 147 toises, ce qui correspond aux hauteurs de Moscou et du sommet du Waldaï.

Les plaines baltiques et sarmates de l'est de l'Europe sont séparées des plaines sibériennes du N.-O. de l'Asie par la chaîne de l'Oural qui, des 54° aux 67° de latitude, de l'Iremel et Grand-Taganaï au

---

(1) Voyez *Naturhistorische Skizze von Lithauen, Volhynien und Podolien*, 1830, p. 106, 255. En Volhynie, le partage d'eau est dans le plateau d'Awratyne, où naît le Bug (l. c. p. 72).

Kondjacowski Kamen et au parallèle d'Obdorsk, offre des sommets de six à huit cents toises de hauteur, et qui est comparable, dans sa ligne de faîtes, aux chaînes peu élevées des Vosges, du Jura, des Gates et de la Cordillère aurifère et platinifère de Villa-rica, au Brésil. L'Oural fixe notre attention par son étendue et la constance de sa direction depuis l'Ust-Urt, dans l'isthme des Troukhmènes, entre la Caspienne et l'Aral, jusqu'au-delà du cercle polaire, où, à l'est de l'Obi, M. Adolphe Erman en a mesuré quelques cimes de plus de 660 toises d'élévation au-dessus du niveau de la mer. Dans la partie centrale, par les 56° 49', un peu à l'ouest de la ville de Iekatherinbourg, cette *ceinture* (Poyas) ou muraille rocheuse dans laquelle prédominent les formations de diorite (grünstein), de serpentine et de schiste tal queux, étroitement liées, présente des cols dont la hauteur absolue excède à peine les hauteurs des villes de Genève et de Ratisbonne.

Des bruyères du Brabant septentrional on peut se diriger de l'ouest à l'est jusqu'aux steps asiatiques qui entourent la pente occidentale des Monts Altaï, et à la Dzoungarie chinoise, sur une étendue de 80° en longitude, sans franchir une hauteur de douze ou treize cents pieds. Je caractérise ici la configuration du sol européen et asiatique dans une zone centrale (de l'intérieur de l'ancien continent), zone dont les extrémités, Breda et Semipolatinsk, ou le poste chinois de Khonimailakhou, sont placés entre 51° 35′ et 48° 57′ de latitude, distance qu'en différens voyages j'ai eu occasion de parcourir, muni de baromètres, et qui est presque triple du cours de l'Amazone à travers les plaines de l'Amérique méridionale. Si l'on supposait une route des landes du Brabant aux steps de l'Asie, par de hautes latitudes, au-delà des 60° et 65°, on trouverait des plaines continues sur une longueur qui égale presque la demi-circonférence du globe.

Ce n'est donc pas l'exhaussement du sol qui cause l'inflexion des lignes isothermes à sommet concave, le décroissement de température moyenne de l'année, lorsque des parties centrales de l'Europe on suit un même parallèle vers l'est. Frappé du peu d'élévation du terrain autour de Tobolsk, éloigné de plus de 240 lieues de la Mer Glaciale, l'abbé Chappe s'opposa le premier, avec force, dès l'année 1768, à la croyance populaire de cet exhaussement (1). Malgré le peu de précision (2) numérique qu'offrent ses profils en forme de paysage, ce savant, dont j'ai pu répéter des observations au Mexique et en Sibérie, a eu le mérite incontestable d'avoir reconnu en général que, jusqu'aux 66° de longitude et entre 57° et 58° de latitude, le froid hivernal du nord de l'Asie n'a pas pour première cause la hauteur du sol.

---

(1) *Voyage en Sibérie*, T. I, p. x et 100; T. II, p. 467 et 599.

(2) Chappe a modifié les résultats d'observations barométriques d'un petit nombre de jours par de vagues hypothèses sur le cours des rivières, qui, d'après lui, ont ou quatre pieds sept pouces ou un pied sept pouces de pente sur une longueur de 2,000 toises; des moyennes de *nombres limites* probables sont données comme résultats de mesures. C'est ainsi que le lac Dzaisang a, d'après Chappe, 413 toises de hauteur absolue, parce que sa hauteur doit

Depuis un très petit nombre d'années, des mesures barométriques ont été faites avec soin aux frontières de la Dzoungarie chinoise et sur le Haut-Irtyche, dans les plaines qui communiquent avec celles du lac Dzaisang, sous le parallèle de 49° et par une longitude de 16° ½ plus orientale que Tobolsk. La moyenne des observations (1) que nous avons faites en différentes saisons, MM. Ledebour, Bunge, Hansteen, Gustave Rose et moi, donnent à ce terrain et à une grande partie du step des Kirghizes, à peine une hauteur de 200 à 250 toises au-dessus du niveau de l'Océan.

être ou 626 ou 201 toises. (L. c. T. I, p. 103 et 105; T. II, p. 534 et 594.)

(1) *Ledebour und Runge Reise nach dem Altaï*, T. I, p. 402-410. Hansteen dans *Schumacher*, *Astron. Nachrichten*, 1830, n. 183, p. 294.

La position des différens systèmes de montagnes (soit en chaînes continues, soit en groupes isolés ou sporadiques), et le rapport de ces systèmes aux plaines plus ou moins élevées, exercent une grande influence sur la distribution des températures et leur mélange effectué par des courans atmosphériques. Il serait d'un vif intérêt pour la Climatologie de connaître d'une manière approximative l'*area* du pays montueux et des plaines de l'Asie; mais ces évaluations sont encore peu discutées et très défectueuses. J'ai trouvé pour l'Amérique méridionale, sur laquelle je possède des données suffisamment précises, le rapport de la région montueuse à celle des plaines, comme 1 : 4; et dans cette vaste partie du Nouveau Continent, l'arrête principale, la Cordillère des Andes, soulevée comme sur une crevasse de peu de largeur, n'occupe, malgré son étendue de 1280 lieues marines, à peine un *area* aussi grand que celui des groupes ou *massifs* peu élevés de la Parime et du Brésil (1). Dans l'Amérique du sud comme en Asie et en Europe, la ligne de faîtes la plus haute (celles des Andes, de l'Himâlaya et des Alpes), loin d'être centrale, est la plus rapprochée de côtes opposées à celles vers lesquelles se prolongent les plaines les plus étendues (2).

Les basses régions du nord de l'Ancien Continent, de l'Escaut au Ienisseï, régions dont la hauteur moyenne n'excède pas 40 à 50 toises, communiquent au sud des 51° $\frac{3}{4}$ de latitude, dans le parallèle d'Orenbourg

(1) Voyez ma *Relat. Hist.*, T. III, p. 243.
(2) *L. C.*, p. 232, 234.

et de Saratow, avec la grande *concavité* ou *dépression* de l'ouest de l'Asie autour de l'Aral et de la Caspienne; phénomène de dépression qui se trouverait répété sur plusieurs points de l'intérieur des continens, si, du fond des bassins de roches cristallines ou secondaires, on pouvait ôter les recouvremens tertiaires et les dépôts d'alluvion. A l'ouest de l'Oural, les plaines de la Russie méridionale inclinent, dans l'ancien Kaptchak, vers le gouffre de la Caspienne, et en forment le long du Jaik, entre Uralsk et Gurief comme le long du Wolga, entre Sarepta et Astrakhan, la pente septentrionale. L'arrête de l'*Obchtcheï Syrt*, confusément figurée sur nos cartes, n'interrompt cette communication entre le bassin de la Caspienne et les plaines de Simbirsk, que sur une petite longueur. Elle se détache (en chaînon) de l'Oural

Bachkire au sud du Mont Iremel, là où près de Belorezk la Belaja (affluent du Kama) brise la chaîne. A l'est de l'Oural ou plutôt de son chaînon le plus oriental, appelé Monts d'Ilmen, Djambou Karagaï et Kara Edir Tau, les grands steps sibériens du Tobol et de l'Ischim inclinent aussi dans une direction sud (comme le vaste step des Kirghizes, le long des fleuves Tourgay et Sarasou, dans une direction ouest) vers le *pays-cratère* de l'Aral et du Sihoun. Cette dépression du terrain, effet de la rupture et de l'affaissement d'une voûte (1) (probablement antérieure au soulèvement des différens systèmes de montagnes, et coïncidant avec l'intumescence des grands plateaux), prolonge entre les 45° et 65° de

(1) Voyez plus haut, p. 11, 90-99.

longitude, les plaines belges, sarmates et sibériennes jusqu'au pied de l'Hindou-Kho (1), et du groupe de montagnes du Haut-Oxus, tandis que plus à l'est, elles se trouvent limitées déja, au sud du parallèle de 55°, par l'Altaï et le Tangnou. Le creux de la Caspienne, de l'Aral et du Maveralnahar, n'est pas assez considérable (son fond n'étant que de deux à trois cents pieds au-dessous du niveau normal de l'Océan et de cinq à six cents pieds au-dessous des plaines de Kasan et de Tobolsk), pour influer, à cause de la dépression seule, d'une manière sensible sur l'abaissement de la température

---

(1) Continuation occidentale de l'Himâlaya, bordant dans le Mazendaran les côtes méridionales de la Mer Caspienne.

moyenne ; mais son enclavement particulier lui donne, au sud de l'Aral et du désert de Kizil-Coum, un climat qui ne ressemble pas à celui des régions voisines. Diversifié de forme, partagé en plusieurs petits bassins, entre les rives de l'Iaxartes et l'Oxus, le fond de cet affaissement continental qui est resté à sec, offre depuis l'époque des plus anciennes migrations des peuples, un caractère d'individualité politique très remarquable. C'est là même, et sur le bord sud-est de l'affaissement, que se sont conservées indépendantes, je pourrais dire *stéréotypes*, à travers les siècles (comme jadis en Allemagne, à la fin du moyen âge), un grand nombre de petites sociétés, connues aujourd'hui sous le nom des états de Khiva, de Bokhara et Samarkand, de Tchersavers, de Kokan et Tachkend.

A l'est du méridien du Bolor, entre l'Altaï et la chaîne de l'Himâlaya, il n'existe pas de *plateau central de la Tatarie*, grand comme la Nouvelle-Hollande. La continuité et l'antique civilisation de ce plateau, proclamées par les géographes et les historiens du dernier siècle, doivent être également révoquées en doute. On peut concevoir dans le langage de la Géologie scientifique, d'après une certaine échelle de hauteur, différens *ordres de plateaux* (1) ; celui de la Souabe a 150 toises; celui de la Bavière ou de la Suisse entre les Alpes et le Jura, a 260-270 toises; le plateau de l'Espagne, a 350 toises ; celui du Mysore 380 à 420 toises; les plateaux de la Perse, de Mexico, de Bogota, de Quito et de Caxamarca, d'Antisana et de Titi-

---

(1) *Relat. Hist.*, T. III, p. 208, note 7.

caca, ont 650, 1168, 1370, 1490, 2000 à 2100 toises d'élévation au-dessus du niveau de l'Océan. Dans le langage vulgaire, le mot de *plateau* (*table-land*), ne s'applique qu'à des intumescences du sol qui agissent sensiblement sur l'âpreté du climat, par conséquent à des hauteurs au-dessus de trois à quatre cents toises, et lorsque Strahlenberg a dit que les plaines de la Sibérie au-delà de l'Oural, qu'il nomme les Monts-Riphés, sont « comparés aux plaines d'Europe comme une *table* comparée au plancher sur lequel elle est placée, » il n'avait certainement pas soupçonné que les plaines centrales de la Dzoungarie chinoise avaient à peine la hauteur du lac de Constance ou de la ville de Munich. Les plaines dans lesquelles je me suis trouvé il y a deux ans, au nord du lac Dzaïsang, communiquent, en entourant le Tarbagataï, avec celles de la province d'Ili, les lacs Alaktougoul et Balcachi et les rives du Tschoui. Dans le bassin entre le Mouztagh (les Monts-Célestes) et le Kuenlun (chaîne septentrionale du Tubet), bassin qui est fermé à l'ouest par la chaîne transversale du Bolor, la comparaison des latitudes et de certaines cultures, manifeste le peu d'élévation des plateaux sur de grandes étendues. A Khachgar, Khoten, Aksou et Koutché, dans le parallèle de la Sardaigne, on cultive le coton; dans les plaines de Khoten, sous une latitude qui n'est pas plus méridionale que la Sicile, on jouit d'un climat extrêmement doux et on élève un nombre prodigieux de vers à soie. Plus au nord, à Jerkand, Hami, Kharachar et Koutché, la culture du raisin et des grenades est célèbre depuis la plus haute antiquité. La déclivité qu'affecte le terrain dans ce bassin fermé, se trouve (ce qui est assez remarquable), en contrepente à celle du bassin ouvert de la province d'Ili ou du Thianchan-Pelou. Même à l'est du Tangout, le haut plateau (ou désert pierreux) du Gobi, paraît offrir un sillon et une dépression considérables ; car d'après M. Klaproth, d'anciennes traditions chinoises rapportent que le Tarim, qui se perd aujourd'hui dans le lac Lop, traversait jadis ce lac, et mêlait ses eaux à celles de la Rivière Jaune, phénomène qui prouve la formation d'une *arrête de partage* par des attérissemens progressifs et qui se lie à d'autres phénomènes d'*Hydrographie comparée* que j'ai exposés dans la Relation historique de mon voyage aux régions équinoxiales du Nouveau-Continent (1).

---

(1) T. II, p. 75 et 525.

Il résulte de l'ensemble de ces considérations sur la configuration du sol de l'Asie, que la partie centrale renfermée entre les parallèles de 30° et 50°, et entre les méridiens du Bolor ou de Cachemir et du lac Baïkal ou de la grande sinuosité du Fleuve Jaune, est un terrain à niveau très varié, en partie inondé, offrant de vastes étendues de pays dont l'élévation est probablement celle des plateaux d'un *ordre inférieur* analogues aux plateaux de la Bavière, de l'Espagne ou du Mysore. On a lieu de soupçonner que des intumescences du sol comparables aux hautes plaines de Quito et de Titicaca (1500 - 2000 t.), ne se trouvent principalement qu'entre la *bifurcation* de la chaîne de l'Hindou Kho, dont les branches sont connues sous les noms d'Himâlaya et de Kuenlun, par conséquent dans le pays de Ladak, du Tubet et de Katchi ; dans le nœud de montagnes autour du Khoukhou-Noor et dans le Gobi au nord-ouest de l'Inchan.

Nous venons de voir que l'Asie divisée en bassins par des chaînes de montagnes de différentes directions et de différens âges, offre au développement de la vie organique et à l'établissement des sociétés humaines, de chasseurs (sibériens), de pasteurs (kirghizes et kalmoucs), de peuples agricoles (chinois) et de peuples moines (tubétains), une diversité de plaines, de terrasses et de *hauts-fonds* dans l'océan aérien qui modifie d'une manière prodigieuse les températures et les climats. Une triste uniformité règne dans les steps depuis les rives du Sihoun (Iaxartes), et la petite chaîne de l'Alatau jusqu'à la Mer Glaciale; mais au-delà du Ienisseï, à l'est du méridien de Sayansk et du Lac Baïkal, la Sibérie même prend un caractère montueux.

La première base de la Climatologie est la connaissance précise des inégalités de la surface d'un continent. Sans cette connaissance *hypsométrique*, on attribuerait à l'élévation du sol ce qui est l'effet d'autres causes qui influent, dans les basses régions, (dans une surface qui a une même courbure avec la surface de l'Océan), sur l'inflexion des lignes isothermes. En avançant du nord est de l'Europe dans le nord de l'Asie au-delà des 46° ou 50° de latitude, on trouve à la fois une diminution dans la température moyenne de l'année, et une distribution plus inégale de cette température entre les différentes saisons, distribution qui est due à la forme continentale de l'Asie, (forme à grandes masses peu sinueuses) et à sa position particulière par rapport à l'équateur, aux glaces polaires et à l'influence des vents occidentaux. Sous les rapports que je viens d'indiquer, l'Europe et l'Asie offrent les contrastes suivans :

L'Europe, à configuration sinueuse, interrompue par des golfes et des bras de mers, étranglée d'espace en espace, *articulée* pour ainsi dire, forme la partie occidentale de l'Ancien Continent : elle n'est qu'un prolongement péninsulaire de l'Asie, comme la Bretagne à hivers très doux et à étés peu ardens l'est au reste de la France. L'Europe reçoit, comme vents prédominans, les vents d'ouest, qui sont pour les parties occidentales et centrales des vents de mer, des courans qui ont été en contact avec une masse d'eau, dont la température, à la surface, même au mois de janvier, ne s'abaisse pas (par les 45° et 50° de latitude) au-dessous de 10°,7 et 9° cent. L'Europe jouit de l'influence bienfaisante d'une large zone tropicale terrestre (celle de l'Afrique et de l'Arabie), placée entre les méridiens de Lisbonne et de Kasan, s'échauffant par l'irradiation diurne bien autrement à sa surface qu'une zone tropicale océanique, et déversant, par l'effet des courans ascendans, des masses d'air chaud sur les pays plus rapprochés du pôle nord. D'autres avantages qui n'ont pas été suffisamment appréciés jusqu'ici, sont pour l'Europe, considérée dans sa configuration générale, comme un prolongement péninsulaire occidental de l'Asie, son moindre et inégal développement continental vers le nord, sa forme oblique, sa direction du sud-ouest au nord-est. La partie continentale de l'Europe, presque dans tout le premier tiers occidental de sa longueur, ne s'élève pas au-delà du parallèle de 52°. Un autre tiers plus central, agrandi par la Scandinavie, est traversé par le cercle polaire. Dans le tiers le plus oriental, à l'est du méridien de Saint-Pétersbourg, où le continent élargi prend tout le caractère d'un climat de l'Asie, le cercle polaire ne fait que raser la côte septentrionale ; mais cette côte est baignée par une zone de la Mer Glaciale, dont la température hivernale est bien différente de celle qu'offre cette même mer à l'ouest du cap Nord. La direction de la grande vallée océanique qui sépare l'Europe et l'Amérique, et l'existence de ce fleuve d'eau chaude (*du Gulf stream*) qui la traverse d'abord du S.-S.-O. au N.-N.-E., et puis de l'O. à l'E., et qui longe les côtes de la Norwège, influent puissamment sur les limites des glaces polaires, sur les contours de cette ceinture d'eau congelée et solide qui ouvre un vaste golfe aux eaux liquides, entre le Grœnland oriental, l'Ile des Ours et l'extrémité septentrionale de la Péninsule Scandinave. L'Europe jouit de l'avantage de se trouver placée vis-à-vis de ce golfe, d'être par conséquent séparée de la ceinture de glaces polaires par une mer libre. En hiver cette ceinture avance jusqu'au parallèle de 75° entre la Nouvelle-Zemble, l'embouchure du Lena et le détroit des Ossemens, près de l'Archipel de la Nouvelle-Sibérie; en été elle se retire, dans le méridien du Cap Nord, et plus à l'ouest, entre le Spitzberg et le Grœnland oriental, vers le nord jusqu'aux 80° et 81° de latitude. Il y a plus encore : la *limite hivernale* des glaces polaires, c'est-à-dire la ligne sur laquelle les glaces se rapprochent le plus en hiver de l'Europe continentale, n'enveloppe pas même l'Ile des Ours, et, dans la saison la plus froide de l'année, on peut naviguer librement du Cap du Nord au promontoire austral du Spitzberg, à travers une mer dont la température est élevée par des courans d'eau du sud-ouest. Les glaces polaires diminuent partout ou elles trouvent une libre issue vers le cercle polaire, comme c'est le cas dans la Baie de Baffin, et entre l'Islande et le Spitzberg (1). Le capitaine Sabine a trouvé, par les 65° et 70° de latitude, la température moyenne de l'Océan atlantique, à sa surface, de 5°,5

---

(1) Voyez mon mémoire sur les causes principales de la différence de température sur le globe (en allemand) dans les *Mém. de l'Acad. de Berlin pour* 1827, pag. 311, 312.

cent., quand par ces mêmes latitudes, sur le Continent européen, les températures moyennes de l'année sont déja de plusieurs degrés au-dessous de zéro (1). Il serait superflu de rappeler ici quelles modifications calorifiques les vents septentrionaux doivent éprouver par cette configuration relative des terres et des glaces polaires, lorsqu'ils parviennent dans le nord et le nord-ouest de l'Europe.

Le continent de l'Asie s'étend de l'est à l'ouest, au-delà du parallèle de 70°, sur une étendue treize fois plus longue que l'Europe : entre les bouches du Ienisseï et le Lena il atteint même les 75°, c'est-à-dire la latitude de l'Ile des Ours. Partout ses côtes septentrionales touchent la limite

---

(1) *Exper. on pend.*, pag. 456.

hivernale des glaces polaires ; la limite estivale de ces glaces ne s'éloigne des côtes que sur quelques points et pendant un court espace de temps. Les vents du nord, dont aucune chaîne de montagne ne modère la force dans des plaines ouvertes, à l'ouest du méridien du lac Baïkal, jusqu'aux 52°, à l'ouest du méridien du Bolor, jusqu'aux 40° de latitude, traversent une nappe de glace couverte de neiges, et qui prolonge pour ainsi dire le continent, vers le nord jusqu'au pôle, vers le nord-est jusqu'à la région du *maximum du froid*, que les navigateurs anglais croient placée dans le méridien du détroit de Behring, par les 80° et 81° de latitude (1). L'Asie con-

---

(1) Au nord-ouest de l'île Melville. La proximité de ce point *maximum* ou de ce *pôle du froid* se manifeste lorsqu'on compare la température moyenne

tinentale n'offre à l'irradiation solaire qu'une très petite portion de terres placées sous la zone torride. Entre les méridiens qui limitent ses extrémités orientales et occidentales, ceux du Cap Tchoukotski et de l'Oural (sur un immense espace de 118° en longitude), l'équateur traverse l'Océan; à l'exception d'une petite partie des îles de Sumatra, Bornéo, Celebès et Gilolo, il n'existe dans ces parages aucune terre placée sous l'équateur. La partie continentale de l'Asie dans la zone tempérée ne jouit par conséquent pas de l'effet des courans ascendans que la po-

---

de l'île Melville (lat. 75°, long. 113° O.) que Parry évalue à — 18°,5, à la température moyenne de l'atmosphère pélagique, à l'est du Grœnland (lat. 76° 3/4, long. 3° O.) qui, d'après Scoresby, n'est que de —7°,5.

sition de l'Afrique rend si bienfaisans pour l'Europe. D'autres causes frigorifiques de l'Asie (en nous bornant toujours aux considérations générales, à tout ce qui caractérise en grand le climat du continent asiatique) sont sa configuration dans le sens horizontal, ou la forme de ses contours, les inégalités de sa surface dans le sens vertical, et surtout sa position orientale par rapport à l'Europe. L'Asie offre une accumulation de terres en masses continues, sans golfes et sans prolongemens péninsulaires considérables, au nord du parallèle de 35°. De grands systèmes de montagnes dirigés de l'est à l'ouest, et dont les chaînons les plus hauts semblent border la région la plus rapprochée de la zone torride, s'opposent, sur de grandes étendues, à l'accès des vents méridionaux. Des plateaux très élevés, et qui, à l'exception de la Perse, sont bien moins continus qu'on les figure généralement, se trouvent distribués depuis le nœud de montagnes de Cachmire et le Tubet, jusqu'aux sources de l'Orkhon, sur une immense longueur, dans la direction S. O. — N. E. : ils traversent ou bordent de basses régions, accumulent et conservent les neiges jusqu'au fond de l'été, et agissent par des courans descendans sur les pays voisins, dont ils abaissent la température. Ils varient et *individualisent* les climats à l'est des sources de l'Oxus, de l'Alatau et du Tarbagataï daus l'Asie centrale, entre les parallèles de l'Hymâlaya et de l'Altaï. Enfin l'Asie est séparée d'une mer placée à l'ouest, ou des côtes occidentales, qui sont toujours plus chaudes sous la zone tempérée que les côtes orientales d'un continent, par toute la longueur de l'Europe. L'énorme élargissement de notre continent, depuis le fond du Golfe de Finlande, contribue à l'action frigorifique des vents occidentaux prédominans, qui sont des vents de terre pour l'Ancien-Monde, placé à l'est du mur peu élevé de la chaîne de l'Oural.

Les contrastes entre l'Europe et l'Asie que je viens d'indiquer, offrent l'ensemble des causes qui agissent simultanément sur les inflexions des lignes d'égale chaleur annuelle, et sur l'inégale répartition de cette moindre chaleur entre les différentes saisons, phénomènes qui deviennent surtout sensibles à l'est du méridien de Saint-Pétersbourg, là où le Continent de l'Europe se lie à l'Asie boréale, sur une largeur de 20° en latitude. L'est de l'Europe et l'Asie entière (la dernière au nord du parallèle de 35°), ont un climat éminemment *conti-*

nental , en employant cette expression comme étant opposée à celle de *climat des îles* et des *côtes occidentales*; ils ont, par leur forme et leur position, par rapport aux vents de l'ouest et du sud-ouest, un *climat excessif,* analogue à celui des Etats-Unis de l'Amérique, c'est-à-dire des étés très chauds succédant à des hivers excessivement rigoureux. Nulle part dans le monde, pas même en Italie ou dans les îles Canaries, je n'ai vu mûrir de plus belles grappes de raisin qu'à Astrakhan, près des bords de la Mer Caspienne; et cependant, dans ce même lieu, et plus au sud, à Kislar, à l'embouchure du Terek (dans la latitude d'Avignon et de Rimini) on voit souvent descendre le thermomètre centigrade en hiver à 28° et 30° au-dessous de zéro. Aussi est-on forcé à Astrakhan, où, pendant des étés plus ardens qu'en Provence et en Lombardie, la force de la végétation est excitée par l'irrigation artificielle d'un sol imprégné de muriate de soude, d'enterrer les ceps de vigne à une grande profondeur. C'est cette même distribution si inégale de la chaleur annuelle entre les différentes saisons qui a rendu jusqu'ici la culture de la vigne, ou, pour mieux dire, la production d'un vin potable, si difficile aux Etats-Unis de l'Amérique, au nord du parallèle de 40°. Dans le système des climats européens, il faut, pour produire en grand du vin potable, non-seulement une température moyenne de l'année qui s'élève à 8°,7 ou 9°, mais un hiver qui ne soit pas au-dessous de + 1°, un été qui atteigne pour le moins 18°,5. C'est cette proportion fixe dans la distribution de la chaleur qui détermine le cycle de la végétation soit parmi les plantes qui tombent, pour ainsi dire, en léthargie hivernale, et ne vivent pendant ce temps que réduites à leur axe, soit parmi celles qui conservent (comme l'olivier) pendant l'hiver leur système appendiculaire, les feuilles. Voici quelques élémens numériques de *climatologie comparée*, propres à jeter du jour sur les contrastes que je viens d'exposer :

Saint-Pétersbourg (lat. 59° 56', long. 27° 58' E.), temp. moy. de l'année + 3°,8 cent.; de l'hiver — 8°,3; de l'été + 16°,7.

Tobolsk (lat. 58° 12' long. 65° 58') dans une année (celle de 1816), calculée par M. Adolphe Erman, sur les observations météorologiques de M. Albert; temp. moy. — 0°,63; quand, plus à l'ouest, sur les côtes orientales de la Finlande, à Uleo (lat. 65° 3′, long. 23° 6′), temp. moy. de l'année, + 0°,6, et sous le parallèle de Saint-Pétersbourg, à Christiania (lat. 59° 55′, long. 8° 28′), temp. moy. de l'année + 6°,0; de l'hiver — 1°,8; de l'été + 17°,0.

Kasan (lat. 55° 48′, long. 46° 44′.) Je possède, pour les 12 mois de l'année 1828, les moyennes de 9 heures du matin et du soir, de midi et de 3 heures après midi, d'après les observations de M. Simonoff faites avec le plus grand soin. Je trouve pour les seules observations de 9 heures du matin et pour les heures homonymes du matin et du soir (en employant deux méthodes qui donnent approximativement la température moyenne de l'année) + 1°,3 et + 1°,2 cent. (1); pour l'hiver seul — 18°,4 et — 17°,8 ; pour l'été seul + 17°,4 et + 16°,8. Le mois le plus chaud de l'année (juin) a été + 19°,4 ou + 18°,5; le mois le plus froid (janvier) — 22°,7 ou — 21°,8. On voit que les résultats des deux méthodes diffèrent beau-

---

(1) Quand la température moyenne annuelle de Kasan a été récemment évaluée à + 3° et même à + 3°,3 cent. (*Poggendorf, Ann.* 1829, St. 2, pag. 162), on s'est arrêté sans doute à la moyenne de quatre observations diurnes dont aucune ne donnait le *minimum* et dont deux (celles de midi et de 3 heures après midi) étaient très rapprochées du *maximum* de la chaleur. Je trouve effectivement, en employant à la fois les quatre observations diurnes de l'année 1828, les températures moy. de l'année + 3°,2 ; de l'hiver — 16°,3 ; de l'été + 19°,8 ; mais ces températures ne sont pas les vraies moyennes à cause de la nature des heures dont elles ont été tirées.

coup moins entre eux que différeraient les moyennes de plusieurs groupes d'années. Une partie du printemps et l'été sont aussi chauds à Kasan qu'à Paris, quoique cette capitale soit de 7° plus méridionale que Kasan, et que la température moyenne de toute l'année y soit de 9°,4 plus élevée.

	Kasan. (Lat. 55°48′)	Paris. (Lat. 48°50′)
Mars	— 2°,1	+ 6°,5
Avril	+ 10°,3	+ 9°,8
Mai	+ 15°,5	+ 14°,5
Juin	+ 18°,9	+ 16°,9
Juillet	+ 18°,2	+ 18°,6
Août	+ 14°,2	+ 18°,4
Sept.	+ 5°,6	+ 15°,7
Oct.	+ 0°,6	+ 11°,3
Nov.	— 10°,7	+ 6°,7

Tel est, d'après des résultats dignes de confiance, et que je multiplierai dans un autre ouvrage que je prépare, le mouvement périodique de la chaleur dans deux endroits éloignés de l'est à ouest de plus de 700 lieues, mais placés approximativement sur une même ligne *isothère*, tandis que les températures moyennes de leurs hivers diffèrent de 21°,5. Ce climat du nord (climat *continental* et par conséquent *excessif*) expose les habitans

A sofferir tormenti caldi e geli (1).

Dans la latitude de Paris, deux mois qui se succèdent n'offrent aucun accroissement de température qui soit au-dessus de 4 à 5 degrés. Depuis le parallèle de Rome jus-

(1) *Dante, Purgat.*, canto III.

qu'à celui de Stockholm, entre les courbes isothermes de 16° à 5°, la différence des mois d'avril et de mai est partout de 5° à 7°; et de tous les mois qui se succèdent immédiatement, ce sont (dans le système des climats de l'Europe centrale) ceux qui offrent aussi le *maximum* d'accroissement de chaleur. Dans le N. E. de l'Europe et dans le N. O. de l'Asie, au contraire, les accroissemens de deux mois voisins s'élèvent à 12°, et précèdent, comme le maximum de la chaleur, l'époque des mêmes phénomènes d'accroissement en Europe. C'est cette rapidité instantanée du mouvement ascendant de la chaleur, qui caractérise le réveil de la nature, qui explique ce beau développement printanier des Tulipacées, des Iridées et des Rosacées dans les plaines de la Sibérie. Les grands et rapides accroissemens de la chaleur y sont de mars en avril et d'octobre en novembre. On serait supris des chaleurs d'été de Tobolsk, Tara, Kainsk, Krasnoyarsk et Barnaoul, en réfléchissant sur les glaces qui se conservent si long-temps dans les *Toundra* marécageux, entre l'Obi et le Ieniseï, entre Berezow et Touroukhansk, si l'on ne connaissait pas l'influence des vents ardens soufflant du sud et du sud-ouest (1) des steps arides de l'Asie centrale.

(1) M. Adolphe Erman trouve la direction moyenne de tous les vents qui soufflent dans le courant d'une année à Tobolsk. . . . . . S. 47°O.
à Kasan. . . . . . . S. 52°O.
à Moscou. . . . . . S. 35°O.
à Saint-Pétersbourg. S. 41°O.

Les vents ouest sont aussi très fréquens, d'après le même observateur, pendant toute l'année, vers l'embouchure de l'Obi et à l'extrémité septentrionale de l'Oural. D'après ce que nous avons éprouvé

Pekin (lat. 39° 54' long. 114° 7) température moyenne de l'année 12°,7 ; de l'hiver — 3°,2 ; de l'été + 28°,1. L'été, dans cette partie la plus orientale de l'Asie, correspond à l'été de Naples ; mais trois mois de l'hiver sont au-dessous de zéro, comme à Copenhague, qui est placé 16° plus au nord, et dont la température moyenne de l'année est de 5° plus petite. Telle est la différence du système des climats de l'Europe occidentale, que sur les côtes de France, entre Nantes et St-Malo,

---

nous-mêmes dans la partie australe et moyenne de la Sibérie, comme dans le step des Kalmucs, nous ne pouvons croire que les vents occidentaux deviennent plus rares à mesure que de la Hollande on avance vers l'Altaï, comme cela paraît être le cas d'Amsterdam à Saint-Pétersbourg. (*Schouw*, *Beitr. zur vergleichenden Klimatologie. Heft.*, I, pag. 53.)

par 47° et 48° ½ de latitude, on retrouve la même chaleur annuelle de Pekin ; cependant ces côtes se trouvent placées sur des parallèles de 7 à 8 degrés plus septentrionaux, et offrent des hivers de 8° plus tempérés.

J'ai laissé, pendant mon dernier voyage, des thermomètres comparés avec soin dans plusieurs parties de la Sibérie, entre les mains de personnes capables d'en faire un excellent usage, en observant aux heures qui peuvent faire connaître la moyenne des températures des jours, des mois et de l'année. J'ai déja reçu plusieurs séries d'observations intéressantes de Bogoslowsk, dans le nord de l'Oural, où des officiers des mines, zélés et instruits, aiment à se livrer à ce genre de recherches. Comme tout ce que l'on sait en Asie sur les degrés de froid supérieur à celui de la congélation du mercure, est encore assez incertain, j'ai remis à M. le docteur Albert, qui nous a fait l'accueil le plus obligeant à Tobolsk, et qui visite quelquefois d'office les régions polaires de Berezow et d'Obdorsk, un thermomètre à esprit de vin, dont la division, tracée par les soins de M. Gay Lussac sur le verre même, est exacte jusqu'à — 60° cent.; mais les plus grands progrès auxquels la Météorologie, et en particulier la théorie des lignes isothermes peuvent jamais s'attendre, seront dus à l'Académie Impériale de St-Pétersbourg, si elle persiste à faire exécuter, d'après les plans que nous lui avons soumis mon savant ami M. Kupfer et moi, sur toute la surface de l'empire russe (depuis l'Arménie, Semipolatinsk et Irkoutzk jusqu'à Kola, le Kamtchatka et l'île Kodiak), un système régulier d'observations sur les variations diurnes du baromètre, du thermomètre et de l'hygromètre, sur la température de la terre, la direction du vent et la quantité d'eau et de neige que dépose l'atmosphère. La simultanéité de ces variations dans la pression, la température, l'humidité, la direction et la prédominance des vents sur une surface continentale (1) plus étendue que la partie visible de la lune, manifestera, par la comparaison raisonnée des élémens numériques, des lois qui nous sont restées inconnues jusqu'ici. De grands intérêts de la vie agricole et industrielle des

(1) Depuis 38° ½ (de la latitude de Smyrne, de la Livadie, de la Calabre la plus méridionale, de Murcie, de Lisbonne, de Washington, et du nord du Japon, du sud des deux Boukharies) jusqu'à 75°.

peuples qui habitent la Russie européenne, asiatique et américaine sont liés aux intérêts de la Climatologie générale, dont il m'appartient de plaider la cause. L'établissement d'un *Observatoire de physique* à St-Pétersbourg, dans lequel on s'occupera de la rectification et de la comparaison des instrumens, du choix des lieux dont la position astronomique est bien déterminée, de la direction des observations magnétiques et météorologiques, des calculs et de la publication des résultats moyens, sera compté par la postérité la plus reculée parmi les grands services que cette illustre Académie a rendus, depuis la moitié du dix-huitième siècle, à la connaissance physique du globe, à la botanique et à la zoologie descriptive.

En Asie, comme dans le Nouveau-Monde, on observe que les lignes isothermes deviennent peu à peu parallèles à l'équateur, à mesure que l'on entre dans la zone torride. Ce résultat est confirmé par les températures moyennes des mois, que j'ai tirées de plus de douze cents observations très précises, dont je dois la communication à M. l'abbé Richenet, jadis attaché aux missions étrangères de France. Il est intéressant de comparer les climats de la Havane, de Macao et de Rio-Janeiro, les deux premiers de ces endroits étant placés sur les bords de la zone torride *boréale* et près de côtes orientales, le dernier sur les bords de la zone torride *australe*. J'ai déja offert dans un autre endroit (1) le tableau suivant, auquel j'ajouterai les températures moyennes des trois mois les plus chauds et les plus froids de l'année.

---

(1) *Relat. hist.*, t. III, p. 305 et 374.

	Macao. (lat. 22°12′ N.)	Havane. (lat. 23°9′ N.)	Rio-Janeiro. (lat. 22°54′ S.)
Temp. moy. de l'an.	23°,3	25°,7	23°,5
de déc.-fév.	18°,2	28°,0	26°
de juin-août	28°,0	28°,6	20°,3
du mois le plus froid	16°,6	21°,1	19°,2
— le plus chaud	28°,4	28°,8	27°,3

L'influence frigorifique de la configuration et de la position de l'Asie devient encore bien manifeste à Macao et à Canton lorsque les vents d'ouest et du nord-ouest baignent un vaste continent couvert de neiges et de glaces ; cependant les contrastes de la distribution de la chaleur entre les différentes saisons sont beaucoup moins sensibles dans les ports de la Chine méridionale qu'à Pekin. Pendant neuf ans, de 1806 à 1814, l'abbé Richenet, qui se servait d'un excellent thermomètre à *maxima* et *minima* de Six, l'a vu descendre à Macao rarement jusqu'à

3°,3 cent., souvent jusqu'à 5°. A Canton le thermomètre atteint quelquefois presque le point de la congélation, et, par l'effet du rayonnement vers un ciel sans nuages, on y trouve de la glace sur les terrasses des maisons, dans des lieux qui sont entourés de palmiers et de bananiers. De même à Benarès (lat. géogr., 25° 20', lat. isoth., 25°,2 cent.), la chaleur après avoir atteint en été souvent 44°, descend en hiver à 7°,2.

Plus au sud, entre le tropique et l'équateur, surtout entre 0° et 15° de latitude, les températures moyennes de l'atmosphère continentale sont sensiblement les mêmes dans les deux mondes. Les observations asiatiques les plus précises et les plus récentes donnent ;

Bombay	26°,7
Manille	25°,6
Madras	26°,9
Pondichéry	29°,6
Batavia	27°,7
Ile de Ceylan :	
à Trinconomale	26°,9
à la Pointe de Galle	27°,2
à Colombo	27°,0
à Kandy	25°,8

La température moyenne de la zone équatoriale proprement dite de 0° à 10° ou à 15° de latitude, a été singulièrement exagérée jusqu'ici ; elle ne me paraît pas dépasser 27°,7. Le climat de Pondichéry, comme je l'ai fait observer ailleurs, ne peut pas plus servir à caractériser toute la région équatoriale que l'Oasis de Mourzouk, où l'infortuné Ritchie et le capitaine Lyon ont vu (peut-être à cause du sable répandu dans l'air) le thermomètre centigrade entre 47° et 53°,7, ne caractérise le climat de la zone tempérée dans l'Afrique boréale (1). La plus grande masse de terres tropicales se trouve située entre les 18° et 28° de latitude nord, et c'est sur cette zone aussi que, grace à l'établissement de tant de villes riches et commerçantes, nous possédons le plus de connaissances météorologiques. Au contraire, les quatre degrés les plus voisins de l'équateur

(1) Aussi M. Rüppel, si connu par le soin qu'il sait mettre dans la vérification d'instrumens d'astronomie et de physique, a vu le 31 mai 1823, par un ciel tout couvert, un vent impétueux du sud-ouest et une tension électrique de l'air très forte (dans le Dongola, à Ambucol), le thermomètre centigrade à 46°,9, tandis que le 6 avril le même instrument était descendu à 20°.

même sont encore de nos jours, comme ils l'étaient il y a soixante-dix ans, une *terra incognita* pour la Climatologie positive. Nous ignorons les températures moyennes de l'année et des mois au Grand Parâ, à Guayaquil, et (on est presque honteux de l'avouer) à Cayenne!

Lorsqu'on ne considère que la chaleur qu'atteint une certaine partie de l'année on trouve dans l'hémisphère boréal les *climats les plus ardens*, soit sous le tropique du Cancer même, soit 4° ou 5° au nord de ce tropique, dans la partie la plus méridionale de la zone torride. En Perse, à Abusheer, par exemple, sous le parallèle de 28° ½, la température moyenne du mois de juillet (1) atteint 34°; tandis que les

(1) La température moyenne de l'été entier à Abousheer, est 32°,7; celle de l'hiver 17°,8.

mois les plus chauds sont, dans la zone torride, à Cumana 29°,2; à la Vera-Cruz 28°,8. Dans la Mer Rouge on voit le thermomètre centésimal à midi à 44°, la nuit à 34° ½. Les chaleurs extrêmes que l'on observe dans la portion méridionale de la zone tempérée, entre l'Égypte, l'Arabie et le Golfe de Perse, est l'effet simultané du peu de temps qui s'écoule, par cette latitude, entre les deux passages du soleil par le zénith, de la marche lente de l'astre lorsqu'il approche des tropiques, de la durée des jours, qui croissent avec les latitudes, de la configuration des terres environnantes, de l'état de leur surface, de la diaphanité constante de l'air continental, presque dépourvu de vapeurs aqueuses, de la direction des vents, et de la quantité de poussière (molécules terreuses qui s'échauffent par irradiation et qui rayonnent par leur surface les unes contre les autres) que ces vents soulèvent et tiennent suspendue.

Le caractère d'un climat *excessif* (continental par excellence), se manifeste aussi en Asie par la *limite des neiges perpétuelles*, c'est-à-dire par la hauteur à laquelle cette limite, dans les écarts de ses *oscillations*, se soutient en été. J'ai déja développé dans un autre Mémoire (1) pourquoi dans la zone tempérée asiatique, au Caucase et sur la pente boréale de l'Himâlaya, cette ceinture de neiges éter-

(1) Sur la limite des neiges perpétuelles dans les montagnes de l'Himâlaya et les régions équatoriales. Voyez *Ann. de chimie*, t. XIV, p. 22 et 52, et mon premier Mémoire sur les Montagnes de l'Inde. t. III, p. 297.

nelles se soutient à une élévation beaucoup plus considérable au-dessus du niveau de l'Océan, que, par les mêmes parallèles (on peut ajouter par les mêmes courbes isothermes), en Europe et en Amérique. Le voyage intéressant fait par MM. Kupfer (1) et Lenz au sommet de l'Elbrouz, a récemment confirmé ce que j'avais conclu des mesures de MM. d'Engelhardt et Parrot sur le flanc du Kasbek. A la première de ces cimes du Caucase (2), les neiges descendent jusqu'à 1727 toises; dans la seconde (sans doute à cause de quelques circonstances locales de rayonnement), jusqu'à 1647 toises. La limite des neiges est

---

(1) *Rapport fait à l'Acad. Imp. sur un voyage dans les environs du mont Elbrouz*, p. 125.

(2) Le pont de la Malka, au pié de l'Elbrouz, se trouve par lat. 43° 45'.

par conséquent de 250 à 300 toises plus élevée au Caucase, que, par la même latitude, aux Pyrénées. Le rayonnement estival du sol dans la plateau tubétain, qui excède peut-être en hauteur celui du lac de Titicaca, la sécheresse de l'air qui se manifeste dans toute l'Asie centrale et septentrionale, le peu de neiges qui tombe en hiver lorsque la température s'abaisse à — 12° ou — 15°, enfin la sérénité et la diaphanité de l'air (1)

(1) Voyez la lettre d'un voyageur anglais, datée de Soubathou le 11 déc. 1823, dans l'*Asiat. Journal* 1825, *mai*, trad. dans *Nouv. Annal. des Voyages*, t. XXVIII, pag. 19, 23. Un géognoste français, plein de zèle et d'instruction, M. Jacquemont, qui, sur les traces de Moorcroft, de Webb et du capitaine Gérard, parcourt dans ce moment la chaîne de l'Himâlaya, attribue aussi l'inégalité de la hauteur des neiges sur les deux pentes septentrionale et méridionale, à la sérénité du climat dans le plateau

qui règnent à la pente septentrionale de l'Himâlaya, et qui augmentent à la fois l'irradiation du plateau et la transmission de la chaleur rayonnante que le plateau émet, m'ont paru les causes principales de la grande différence que présente la hauteur des neiges au nord et au sud de l'arrête centrale des montagnes de l'Inde. D'après les mesures barométriques de MM. Ledebour et Bunge, l'Altaï ne présente pas le même phénomène que le Caucase. Les neiges paraîtraient y descendre, relativement à la latitude des sites, plus qu'aux Carpathes; mais les Carpathes, les Alpes et les Pyrénées ne donnent pas des termes de comparaison bien tranchés, et prouvent qu'en Europe

---

de Ladak, et le climat brumeux qui règne du côté de l'Hindoustan (Lettre adressée à M. Elie de Beaumont, datée de Lari, 9 sept. 1830).

même, de 42° $\frac{1}{2}$ à 49° $\frac{1}{4}$ de latitude, les positions plus orientales modifient les influences de la distance polaire. A l'Altaï, dans les montagnes de Ridderski, la neige s'était conservée dans des crevasses, tandis que sur le plateau du Korgon elle formait des couches de différentes années superposées les unes aux autres.

NEIGES PERPÉTUELLES

Carpathes (lat. 49° $\frac{1}{2}$) 1330 t.	*Altaï* (lat. 48° $\frac{1}{2}$ - 51°) dans les montagnes Ridderski, 920 t. (?) au Korgon 1100 t.
Pyrénées (lat. 42° $\frac{1}{2}$-43°) 1400 t. *Alpes* (lat. 45° $\frac{5}{4}$-46°) 1370 t.	*Caucase* (lat. 42° $\frac{1}{2}$ -43°) Mont Elbrouz, 1730 t. Kasbek 1650 t.
Andes de Quito (lat. 1°-1° $\frac{1}{2}$) 2460 t. *Nevados de Mexico* (lat. 19° - 19° $\frac{1}{4}$) 2350 t.	*Himâlaya* (lat. 30° $\frac{5}{4}$ - 31°). Pente méridionale 1950 t. Pente septentrionale 2600 t.

Cette grande élévation de la limite des neiges dans la partie méridionale de l'Asie, entre les chaînons de l'Himâlaya et du Kuenlun, entre 31° et 36° de latitude, et peut-être vers le N. E. par des latitudes bien plus élevées encore, est un bienfait de la nature. Offrant un champ plus étendu au développement des formes organiques, à la vie pastorale et à l'agriculture (des champs cultivés en froment ou en orge se trouvent dans les plateaux de Daba et de Doompo (1) à 2334 t., près de Lassour à 2170 t.), cette élévation de la zone des neiges et cette irradiation des plateaux tubetains rendent habitable, en Asie, à des peuples d'une physionomie sombre et mystique, d'une civilisation industrielle et religieuse toutes particulières, une zone alpine qui, dans les régions équinoxiales de l'Amérique (sous une latitude plus australe

(1) Par 31° 15′ de lat. N.

de 25° à 30°), serait ensevelie dans des neiges ou exposée à des frimats destructeurs de toute culture.

C'est à des causes analogues, quoique pas encore suffisamment approfondies, que l'on peut attribuer aussi l'existence de cette population agricole du Haut-Pérou et de Bolivia, répandue à des élévations bien supérieures à celles qui dans l'hémisphère boréal, à égale distance de l'équateur, n'offrent pas de trace de la vie agricole. M. Pentland (1) a reconnu, près du passage des Andes par les Altos de Toledo (lat. 16° 2′ S.), la limite inférieure des neiges à 2660 t. de hauteur, presque comme (par lat. 30 $\frac{5}{4}$ — 31° N.) sur la pente septentrionale ou tubetaine de l'Himâlaya. Cependant sur le même conti-

(1) Voyez *Annuaire du bureau des long. pour* 1830, p. 331.

nent américain, sur la pente des volcans ou sommets trachytiques du Mexique, s'élançant de plateaux de 1200 à 1400 t. de hauteur, par 19° de latitude boréale, les neiges ne remontent pas, dans la saison la plus chaude, au-dessus de 2350 t. Il est bien remarquable (et les physiciens ne s'attendaient guère à ce résultat, il y a vingt ans) que les deux exemples de la hauteur anomale, ou, pour éviter toute expression dogmatique, les exemples du *maximum* d'élévation de la limite des neiges, dans le courant d'une année, se trouvent (comme effet de la sécheresse de l'air, de la chaleur estivale et du rayonnement des plateaux) dans l'Amérique du sud, par lat. 16° à 18° S., en Asie, dans cette partie de la zone tempérée qui se rapproche de 7° à 8° du tropique du Cancer. J'ai déja fait observer plus haut (1), en parlant des climats ardens de la

(1) Voyez page 364 de cet ouvrage.

Mer Rouge et du Golfe Persique, que c'est précisément l'extrémité de la zone tempérée, voisine du tropique, qui offre (par des causes qu'explique la théorie du *climat solaire*), dans une partie de l'année, c'est-à-dire dans le mouvement périodique annuel de la température, le *maximum* de la chaleur que peuvent produire la force et la durée de l'irradiation.

Je pourrais encore m'étendre ici sur la prédominance de certains courans aériens, et sur l'ordre ou plutôt sur la direction dans laquelle les vents tournent (par E. et S.) en devenant occidentaux, sur les recherches que nous avons faites pour reconnaître la permanence des glaces souterraines, enfin sur la distribution de la chaleur dans le sol du nord de l'Asie, indiquée par la température des sources; phénomènes sur lesquels M. Rose, pendant le cours de notre voyage, a réuni un grand nombre d'observations précises, et qui est modifié à la fois, d'une manière bien compliquée, par la latitude et la longitude du lieu, par la profondeur, la saison et l'état de cohérence des couches rocheuses ou des terrains d'alluvion ; mais ces développemens resteront réservés pour un autre ouvrage, et je terminerai ce Mémoire, dans lequel je n'ai voulu offrir à l'Académie que quelques matériaux épars de Climatologie générale, par des considérations sur la sécheresse de l'atmosphère asiatique.

La grande simplicité et la précision de l'*appareil phychrométrique* de M. August (les thermomètres (1) de cet appareil étant

(1) Parmi les instrumens susceptibles d'une extrême précision, le thermomètre est celui qui offre

divisés par dixièmes de degré) m'ont engagé à employer (pendant mon voyage à travers les steps de l'Asie septentrionale, à l'Altaï, le long de la ligne des Cosaques de l'Irtyche, de l'Ichym et du Tobol, et aux bords de la Mer Caspienne) à la fois le

---

les applications les plus variées. Il sert pour mesurer la chaleur, l'intensité de la lumière, et le degré de tension hygrométrique. Il est thermomètre, baromètre (appliqué à la mesure de la hauteur des montagnes), hygromètre et photomètre à la fois. La route tracée par la célèbre académie del Cimento et par le physicien Le Roi avait été abandonnée par Saussure et Deluc, qui passèrent une partie de leur vie à perfectionner les hygromètres à substances solides. Les beaux travaux de Dalton permirent de substituer aux hygromètres à cheveu et à bandelette de baleine la détermination du point de la rosée. C'est sur la détermination de ce point que se fondent les hygromètres de Leslie et de Daniell, comme le psychromètre de M. August.

psychromètre et l'ancien hygromètre de Deluc. Les observations psychrométriques, depuis le commencement du mois de juin jusqu'à la fin du mois d'octobre 1829 (la température de l'atmosphère variant de 8°,7 à 31°,2 cent.), ont toutes été faites par mon ami et compagnon de voyage, M. Gustave Rose. Trente-trois de ces observations, publiées récemment dans un Mémoire hygrométrique de M. August (1), prouvent l'énorme sécheresse qui règne dans les plaines de la Sibérie, à l'ouest de l'Atlaï, entre l'Irtyche et l'Obi, lorsque les vents du S. O. ont long-temps soufflé de l'Asie centrale en contact avec des

---

(1) *Sur les progrès de l'Hygrométrie dans les temps modernes,* mémoire lu le 28 *septembre* 1828 dans une des réunions des *Naturalistes d'Allemagne* (en allemand).

plateaux qui n'ont cependant pas 200 t. d'élévation au-dessus du niveau de l'Océan. Dans le step Platowskaya, nous avons trouvé le *point de la rosée*, 4°,3 au-dessous du point de la congélation; c'était le 5 août à 1 heure après midi, la température de l'air, à l'ombre, étant 23°,7. La différence des deux thermomètres, sec et humide, s'élevait à 11°,7, lorsque, dans l'état ordinaire de l'atmosphère (l'hygromètre de Saussure se soutenant entre 74° et 80°) cette différence des thermomètres ne s'élève qu'à 5° ou 6°,2 (le point de la rosée étant 16°,2 ou 17°,5). Dans le step Platowskaya, la température de l'air aurait dû se refroidir de 28° avant de déposer de la rosée. L'air, entre Barnaoul et la célèbre mine du Schlangenberg, dans une zone renfermée entre les 51° $\frac{1}{4}$ et 53° de latitude, ne contenait, par conséquent, que $\frac{16}{100}$ de vapeurs, ce qui correspond à 28° ou 30° de l'hygromètre à cheveu. C'est sans doute la plus grande sécheresse qui ait été observée jusqu'ici dans les basses régions de la terre. M. Erman père qui s'est beaucoup occupé de recherches hygrométriques en employant simultanément le psychromètre et les hygromètres de Daniell et de Saussure, a vu ce dernier une seule fois et à son plus grand étonnement (à Berlin, le 20 mai 1827, à deux heures après midi) à 42°, par la même température de 23°,7 qui régnait dans le step Platowskaya, lorsque nous le traversâmes.

J'ai observé (et cet effet de la hauteur est assez remarquable) une sécheresse de 40° à 42° de l'hygromètre de Saussure, par conséquent très rapprochée de celle observée par M. Erman, sous les tropiques (le thermomètre centigrade se soutenant aussi à l'ombre à 22°,5 et 23°,7), sur un plateau de 1200 toises de hauteur dans la vallée de Mexico, qui renferme des lacs d'une étendue très considérable, entourés de terrains arides et salifères. A 2635 toises de hauteur (175 toises de plus que le sommet du Mont-Blanc), M. Gay-Lussac, dans sa célèbre ascension aérostatique, a vu rétrograder l'hygromètre de Saussure, bien rectifié dans ses points extrêmes, par une température de 4°, jusqu'à 25°,3, ce qui donne seulement $2^{mm},79$ de tension de la vapeur, ou (comme le maximum est $6^{mm},5$) le rapport à la saturation observé dans l'ascension aérostatique, a été, par la basse température des hautes régions, de $\frac{12}{100}$. J'ajouterai à ce mémoire sur le climat de l'Asie le tableau de quelques-uns des résultats que nous avons recueillis,

MM. Rose, Ehrenberg et moi, dans notre voyage de Sibérie, et qui ont été calculés, à ma prière, par M. August, dont les travaux hygrométriques, également utiles et ingénieux, méritent de fixer l'attention des physiciens.

Si les ossemens fossiles de grands animaux des tropiques trouvés récemment au milieu des terrains de rapport aurifères, sur le dos de l'Oural (1), prouvent que cette chaîne a été soulevée à une époque très récente (2), la présence et la conservation de

---

(1) Les ossemens fossiles de pachydermes sont connus depuis long-temps dans les plaines à l'est à l'ouest de l'Oural, sur les rives de l'Irtyche et du Kama.

(2) Cette même conclusion de soulèvement s'applique aux Andes, où, dans les deux hémisphères,

ces mêmes ossemens, recouverts de chairs musculaires et d'autres parties molles (dans les plaines du nord de la Sibérie, à l'embouchure du Lena et sur les bords du Vilhoui, par les 72° et 64° de latitude), sont des faits bien plus surprenans encore. Les découvertes d'Adams (1803) et de Pallas (1772) ont gagné un nouvel intérêt depuis que les recherches laborieuses, tentées pendant l'expédition du capitaine Beechey dans le Golfe de Kotzebue (lat. 66°13; long. 163° 25′ O.) et l'examen approfondi des collections géognostiques de la Baie

---

sur les plateaux du Mexique, de Cundinamarca (près Bogota), de Quito et du Chili, on découvre des ossemens fossiles de mastodontes à 1200 et 1500 toises de hauteur. (Voyez ma *Relat. hist.*, t. I, p. 386, 414, 429; t. III, p. 579.)

d'Eschscholtz par M. Buckland (1) ont rendu presque certain que dans le nord de l'Asie, comme dans l'extrémité N. O. du Nouveau Continent, les ossemens fossiles, sans chair musculaire ou avec cette chair, se trouvent non dans des blocs de glaces, mais dans ces mêmes terrains de rapport (*diluvium*) qui reposent sur les formations tertiaires dans la plupart des régions tropicales et tempérées des deux mondes. Une cause de refroidissement instantanée, dit le naturaliste célèbre (2) auquel nous

---

(1) Beechey *Voyage to the Pacific and Beerings Strait*, 1831, t. I, p. 257-323; t. II, p. 560, 593-612.

(2) *Cuvier, Ossemens fossiles*, 1821, t. I, p. 203.

« Tout rend extrêmement probable que les éléphans qui ont fourni l'ivoire fossile habitaient et vivaient dans les pays où l'on trouve aujourd'hui

devons les admirables recherches sur les races éteintes d'animaux, a pu seule préserver ces parties molles et les conserver à

---

leurs ossemens. Ils n'ont pu y disparaître que par une révolution qui a fait périr tous les individus existans alors, ou par un changement de climat qui les a empêchés de s'y propager. Mais quelle qu'ait été cette cause, elle a dû être subite. — Si le froid n'était arrivé que par degrés et avec lenteur, ces ossemens, et à plus forte raison les parties molles dont ils sont encore quelquefois enveloppés, auraient eu le temps de se décomposer comme ceux que l'on trouve dans les pays chauds et tempérés ; il aurait été surtout impossible qu'un cadavre tout entier, tel que celui que M. Adams a découvert, eût conservé ses chairs et sa peau sans corruption, s'il n'avait été enveloppé immédiatement par les glaces qui nous l'ont conservé. Ainsi toutes les hypothèses d'un refroidissement graduel de la terre ou d'une variation dans l'inclinaison de l'axe du globe, tombent d'elles-mêmes. »

travers des milliers d'années. Occupé pendant mon séjour en Sibérie de recherches sur la chaleur souterraine des couches, j'ai cru entrevoir dans le froid qui règne à 5 ou 6 pieds de profondeur, au milieu de la chaleur des étés actuels, l'explication de ce phénomène.

Lorsque aux mois de juillet et d'août l'air avait à midi une température de 5 à 30°,7, nous avons trouvé, entre le couvent d'Abalak et la ville de Tara (1), près des villages de Tchistowskoy et de Bakchewa, comme entre Omsk et Petropablowski (sur la ligne des Cosaques de l'Ichym (2)) près Chankin et Poladennaya Kreporst, quatre

(1) Lat. 56° ½ — 58°.

(2) Lat. 54° 52′ — 54° 59′.

puits peu profonds, sans restes de glaces sur leurs bords à + 2°,6; 2°,5; 1°,5 et 1°,4 cent. Ces observations ont été faites sous les parallèles du nord de l'Angleterre et de l'Écosse, et cette température du sol sibérien se conserve au milieu de l'hiver. M. Adolphe Erman a trouvé entre Tomsk et Krasnojarsk, dans le chemin de Tobolsk à Irkoutsk, encore par 56° et 56° ½ de latitude, les sources à + 0°,7 et 3°,8 quand l'atmosphère était refroidie jusqu'à 24°,2 au-dessous de zéro : mais quelques degrés plus au nord, soit sur des montagnes très peu élevées (par lat. 59° 44′ où la température moyenne de l'année est à peine — 1°,4), soit dans des steps au-delà du parallèle de 62°, le sol reste gelé à 12 ou 15 pieds de profondeur. J'espère que par des recherches que l'on m'a promis de faire, en différens mois d'été, à Berezow et

Obdorsk, près du cercle polaire, nous apprendrons bientôt quelle est, dans le nord, l'épaisseur variable de la couche de glace, ou pour mieux dire de la terre humide congelée, traversée de petits filons de glace et renfermant des groupes de cristaux d'eau solide comme une roche porphyroïde. A Bogoslowsk où l'habile Intendant des mines, M. Beger, a bien voulu faire creuser à ma prière, un puits dans un sol tourbeux peu ombragé d'arbres, nous avons trouvé, au milieu de l'été, à 6 pieds de profondeur, une couche de terre congelée, épaisse de plus de 9 ½ pieds. A Iakoutsk, encore 4° ½ au sud du cercle polaire, la glace souterraine est un phénomène général et perpétuel, malgré la haute température de l'air aux mois de juillet et d'août. On peut concevoir comment des 62° aux 72° de latitude, de Iakoutsk à l'embouchure du Lena, l'épaisseur de cette couche de terre congelée doit augmenter rapidement.

Des tigres entièrement semblables à ceux des Grandes Indes (1), se montrent encore de nos jours de temps en temps, en Sibérie, jusqu'au parallèle de Berlin et de Hambourg. Ils vivent sans doute au nord des Montagnes Célestes (Mouz-tagh), et ils font des excursions jusqu'à la pente occidentale de l'Altaï, entre Boukhtarminsk, Barnaoul et la célèbre mine d'argent auri-

---

(1) Mon compagnon de voyage, M. Ehrenberg, a publié des renseignemens curieux sur ces tigres du nord de l'Asie, et sur la panthère à longs poils, qui vit depuis Kachgar jusqu'au cours moyen du Lena. Voyez *Annales des sciences nat.*, t. XXI, p. 387-412.

fère du Schlangenberg où l'on en a tué plusieurs d'une taille énorme. Ce fait, qui mérite toute l'attention des zoologues, se lie à d'autres très importans pour la Géologie. Des animaux que nous regardons aujourd'hui comme des habitans de la zone torride, ont vécu jadis (tant de faits géologiques l'indiquent) de même que les bambousacées, les fougères en arbres, les palmiers, et les coraux lithophytes dans le nord de l'ancien continent. C'était probablement sous l'influence de la chaleur intérieure du globe qui communiquait, par les crevasses de la croûte oxidée, avec l'air atmosphérique dans les régions les plus boréales. Il m'a toujours (1) paru qu'en discu-

---

(1) Voyez *Mém. de l'Acad. de Berlin* pour 1822, p. 154; et mes *Tableaux de la Nat.* (2e édit.), t. II, pag. 188. J'observe avec une vive satisfaction

tant les anciennes variations des climats, lcs géologues ne devaient pas séparcr le phénomène des monocotyledonées arborescentes (dépourvues d'écorce et de ces organes appendiculaircs que le froid hivernal fait tomber sans danger dans nos arbres dicotyledons) du phénomène des grands pachydermes fossiles. Je conçois comment à mesure que l'atmosphère s'est refroidie (parce que l'action de l'intérieur du globe sur la croûte extérieure a été moins puissante, parce que les crevasses se sont rem-

---

que M. Buckland, qui nous a fait connaître tant de faits curieux relatifs à la vie et aux habitudes des animaux antédiluviens, insiste aussi sur cette liaison intime entre la coexistence ou plutôt entre les rapports de localité qu'offrent les coraux lithophytes, les bois monocotyledons, les tortues de mer (Chelonia) et les mastodontes fossiles des régions froides. (*Beechey*, t. II, p. 611.)

plies de matières solides ou de roches intercalées, parce que dans le nouvel ordre des choses, la distribution du climat est devenue presque uniquement dépendante de l'inégalité de l'irradiation solaire), les tribus des plantes et des animaux dont l'organisation exigeait une égalité de température plus élevée, se sont éteintes peu à peu.

Parmi les animaux, quelques-unes des races les plus vigoureuses se sont retirées sans doute vers le sud et ont vécu quelque temps encore dans des régions plus rapprochées des tropiques. Des espèces ou des variétés (je rappelle les lions de l'ancienne Grèce, le tigre royal de la Dzoungarie, la belle panthère Irbis à longs poils de la Sibérie) sont allées moins loin ; elles ont pu, par leur organisation et les effets de l'habitude, s'acclimater au centre de la zone tempérée, et même (c'est l'opinion de M. Cuvier relativement aux pachydermes à poils épais) à des régions plus boréales. Or, si dans une des dernières révolutions qu'a éprouvées la surface de notre planète, par exemple, dans le soulèvement d'une chaîne de montagne très récente, pendant l'été sibérien, des éléphans à mâchoire inférieure plus obtuse, à dents mâchelières plus étroitement et moins sinueusement rubanées; si des rhinocéros à deux cornes, très différens de ceux de Sumatra et d'Afrique, ont couru vers les bords du Vilhoui et vers l'embouchure du Lena, leurs cadavres y ont trouvé, dans toutes les saisons, à la profondeur de quelques pieds, d'épaisses couches de terre congelée, capables de les garantir de la putréfaction. De légères secousses, des crevassemens du sol, des changemens dans l'état de la surface bien moins importans que ceux qui ont eu lieu encore de nos jours sur le plateau de Quito ou dans l'archipel des Grandes Indes, peuvent avoir causé cette conservation des parties musculaires ou ligamenteuses d'éléphans et de rhinocéros. La supposition d'un refroidissement subit du globe ne me paraît par conséquent aucunement nécessaire. Il ne faut pas oublier que le tigre royal que nous sommes accoutumés à appeler un animal de la zone torride, vit encore aujourd'hui en Asie depuis l'extrémité de l'Hindoustan jusqu'au Tarbagataï, au Haut Irtyche et au step des Kirghizes, sur une étendue de 40 degrés (1) en latitude,

---

(1) Pour prouver la continuité de cette *habitation* du tigre royal sur une bande qui, du sud au nord, a plus de mille lieues de long, j'ajouterai aux régions placées entre l'Altaï et les Monts Célestes, citées dans le mémoire zoologique de

et que de temps en temps, en été, il fait des incursions cent lieues plus au nord. Des individus qui arriveraient, dans le N. E. de la Sibérie, jusqu'au parallèle de 62° et 65°, pourraient, par l'effet des éboulemens ou sous d'autres circonstances peu extraordinaires, offrir, dans l'état actuel des climats asiatiques, des phénomènes de conservation très semblables à ceux du mammouth de M. Adams et des rhinocéros du Vilhoui. J'ai cru devoir soumettre aux naturalistes et aux géologues ces considérations sur la température habituelle du sol dans le nord de l'Asie, et sur la distribution

---

M. Ehrenberg, les marais couverts de grands roseaux aux environs de la ville de Chayar (sous le parallèle de Constantinople et du nord de l'Espagne), dans la Petite Boukharie, marais qui sont des repaires de tigres très féroces.

géographique d'une même espèce de grands carnassiers (le tigre royal) depuis la zone équatoriale jusqu'à la latitude du nord de l'Allemagne. On ne confondra pas, j'ose m'en flatter, ce qui est du domaine des hypothèses probables et ce qui appartient aux élémens numériques de la Climatologie susceptibles de précision et d'un haut degré de certitude.

Paris, juin 1831.

Suit le Tableau page 396.

TABLEAU

LIEUX (NORD-OUEST DE L'ASIE.) Lat. 45° $\frac{3}{4}$ — 59°. Long. 42° $\frac{1}{4}$ — 80° $\frac{1}{4}$.	ÉPOQUES. 1829.		BAROMÈTRE EN LIGNES.
	Jour.	Heure.	
BOGOSLOVSK, dans la chaîne septentrionale de l'Oural. . . .	5 juillet.	10 h. m.	326,6
TOBOLSK.	22 juillet.	7 h. m.	335,2
		3 h. a. m.	335,0
Step PLATOVSKAYA.	5 août.	1 h. a. m.	326,7
OURALSK, chef-lieu des Cosaques du Iaïk.	28 sept.	9 h. m.	340,8
		3 h. a. m.	340,6
SAREPTA, dans le step des Kalmucs.	10 oct.	1 h. a. m.	341,0
Ile BIRQUTCHIKASSA, dans la Mer Caspienne.	15 oct.	1 h. a. m.	338,8
GRASNOCHEVSKAYA, sur le Wolga, au nord d'Astrakhan.	23 oct.	10 h. m.	339,9

HYGROMÉTRIQUE.

(Page 396.)

PSYCHROMÈTRE.		Tension des vapeurs exprimée en lignes.	Point de la rosée. (Réaumur.)	Rapport à la saturation totale de l'air.	Hygromètre à cheveu (en fondant le calcul sur la moyenne entre les obs. de Saussure et de Gay-Lussac.)
Thermomètre sec. (Réaumur.)	Thermomètre mouillé. (Réaumur.)				
12°,5	8°,7	3,23	4°,3	0°,52	71°
18 ,7	16 ,0	6,89	13 ,9	0 ,70	82
24 ,4	17 ,5	6,42	13 ,0	0 ,43	64
19 ,2	9 ,8	1,66	− 3 ,4	0 ,16	29
11 ,6	8 ,4	3,29	4 ,6	0 ,57	71
17 ,6	10 ,4	2,15	1 ,1	0 ,27	47
16 ,2	9 ,4	2,29	0 ,3	0 ,28	49
14 ,6	12 ,8	5,68	11 ,4	0 ,90	94
7 ,8	3 ,4	1,35	− 5 ,7	0 ,45	65

RECHERCHES

SUR

LES CAUSES DES INFLEXIONS

DES

LIGNES ISOTHERMES.

Si la surface d'une planète formait une même courbe, si elle était composée d'une même masse fluide ou de couches pierreuses homogènes, de même couleur, de même densité, absorbant également les rayons du soleil, rayonnant également vers l'atmosphère ou (sans atmosphère) vers les espaces célestes; les *lignes isothermes* (d'égale chaleur annuelle), les *lignes isothères* (d'égale chaleur d'été) et les *lignes isochimènes* (d'égale chaleur d'hiver) seraient toutes parallèles à l'équateur. Sur cette surface unie et homogène, fluide ou solide, les latitudes géographiques, la différence des hauteurs solstitiales et les courans atmosphériques que l'inégalité d'échauffement de la surface de l'équateur aux pôles, la déclinaison hétéronyme du soleil et l'influence de la rotation de la terre sur la vitesse des molécules d'air, font naître, enfin l'action que depuis des milliers de siècles l'intérieur d'une planète a exercée, en se refroidissant, sur la température de la croûte extérieure, détermineraient seuls la distribution de la chaleur.

C'est par cette considération générale, moins infructueuse qu'on pourrait le supposer, que doit commencer la *Climatologie* théorique. Dans l'état actuel de la surface de notre planète et de l'atmosphère qui l'enveloppe, les *courbes isothermes* n'ont conservé leur parallélisme que dans la proximité de la zone torride, et les inflexions de ces courbes sont l'effet de *perturbations de différens ordres* plus ou moins puissantes selon l'étendue de la surface qu'elles affectent.

Pour démêler l'action simultanée de ces causes perturbatrices qui déterminent le non-parallélisme des lignes isothermes et la position de leurs *sommets concaves* et *convexes*, il faut considérer chaque cause isolément et évaluer le genre et la grandeur de leurs effets permanens ou variables avec la déclinaison de l'astre calorifiant. Cette considération conduit à classer les perturbations de *différens ordres* et à faire entrevoir qu'après l'élévation partielle du sol au-dessus du niveau des mers, la cause la plus puissante qui fait varier la température des lieux, placés sous une même latitude, est la position relative des masses continentales et des mers, c'est-à-dire des parties de la surface du globe qui, fluides (à molécules mobiles) et diaphanes, ou solides et opaques, diffèrent également par leurs pouvoirs absorbans et émissifs, c'est-à-dire par la quantité de lumière qu'elles absorbent, l'intensité de chaleur qu'elles produisent et distribuent dans leur intérieur et par les pertes sensibles que le rayonnement leur fait éprouver. Ces rapports d'étendue et de configuration entre les masses opaques continentales et les masses fluides océaniques déterminent le plus les inflexions des lignes isothermes, non-seulement en modifiant la température là où elle se développe localement, mais aussi en influant sur les courans atmosphériques qui mêlent les températures de différens climats et adoucissent, dans la zone des latitudes moyennes, comme vents de remous (vent d'ouest) opposés aux vents alisés, par la fréquence prépondérante de leur direction, la température hivernale de toutes les côtes occidentales des deux hémisphères.

La première de toutes les causes perturbatrices qui affectent le parallélisme des lignes isothermes, c'est l'étendue et la forme des continens, leur prolongement et leur rétrécissement en divers sens. Nous faisons, dans ces considérations préliminaires, entièrement abstraction des inégalités du terrain, de la direction des chaînes de montagnes, de l'état de la surface du sol, nu et pierreux ou couvert soit des sables du désert, de gazon et de l'herbe des steps, soit de l'ombrage des forêts dont le système appendiculaire (les feuilles) abaissent comme des lames très minces, la température de l'air ambiant par l'effet du rayonnement. Les circonstances que je viens d'énumérer appartiennent a des causes perturbatrices d'un autre ordre, secondaire ou tertiaire. Le climat de chaque lieu reçoit l'influence la plus puissante de la configuration de la partie du continent qui l'environne, de rapports qui sont communs à une zone de terre considérable. Ces causes générales sont localement modifiées par la direction des montagnes voisines (abritant ou refroidissant par la fréquence des courans descendans), par l'état de la surface du sol aride, marecageux ou boisé. La Physique du globe n'est qu'une science naissante, et il est naturel qu'en traitant de ce que l'on appelle vaguement la différence de climats géographiques et physiques (on devrait dire des déviations du type que présenterait une surface homogène et de même courbure), on ait fixé d'abord plus d'attention sur de petites causes locales que sur des causes perturbatrices d'un ordre supérieur. D'ailleurs cette manière d'envisager les climats nous a été transmise par ce peuple célèbre des Hellènes dont le pays entrecoupé de golfes et de bras de mer, divisé en bassins par des chaînons de montagnes, *articulé* pour ainsi dire, offrait dans cette configuration si favorable au développement de la civilisation du genre humain, sur une petite échelle, une merveilleuse variété de climats, et dérobait comme l'Egypte, sous l'influence des causes locales, celles qui appartiennent à la zone entière, à l'extrémité sud-est de la Méditerranée.

Le mot *climat*, dans son acception la plus générale, embrasse toutes les modifications de l'atmosphère dont nos organes sont affectés d'une manière sensible, telles que la température, l'humidité, les variations de la pression barométrique, la tranquillité de l'air ou les effets de vents hétéronymes, la charge ou la quantité de tension électrique, la pureté de l'atmosphère ou ses mélanges avec des émanations gazeuses plus ou moins insalubres, enfin le degré de diaphanité habituelle, cette sérénité du ciel si importante par l'influence qu'elle exerce non-seulement sur le rayonnement du sol, sur le développement des tissus organiques dans les vegétaux, et la maturation des fruits, mais aussi par l'ensemble des sensations morales que l'homme éprouve dans les zones diverses. Nous nous sommes bornés ici à nommer une seule modification optique de l'atmosphère, celle de la *transmission* de la lumière. D'autres sont relatives soit à la quantité variable de lumière polarisée que renferme l'atmosphère, selon qu'elle est plus ou moins chargée de vapeurs vésiculaires, soit aux rayons qui émanant d'une source commune avec une inégale vitesse, se détruisent par *interférence* et ne sont plus propres à exercer une action chimique (1). Ces modifications influent peut-être sur nos organes, mais leur influence a été jusqu'ici tout aussi peu reconnue que celle de l'intensité des forces magnétiques, variable selon les latitudes, selon le flux et le reflux de la chaleur diurne, et les perturbations de l'aurore boréale.

---

(1) Voy. les expériences ingénieuses de M. Arago sur le chlorure d'argent exposé aux bandes noires dans le phénomène des interférences. *Annales de Physique et de Chimie*, t. I, p. 199.

Parmi ces causes nombreuses et en partie inconnues qui tendent à diversifier les climats, la plus puissante est la variation des températures auxquelles l'homme est exposé dans les différentes parties du globe. Aussi changer de climat, dans le langage vulgaire, signifie changer d'impression habituelle de chaud et de froid atmosphérique. Les considérations que je consigne ici, et qui sont tirées de mon *Essai* (inédit) *de Physique du Monde*, n'ont rapport qu'a l'analyse de *l'effet total des influences calorifiques*.

Analyser un effet si complexe, c'est énumérer, évaluer, donner son *poids*, pour ainsi dire, à chacune des causes perturbatrices du parallélisme primitif des lignes isothermes. Pour répandre quelque lumière sur le phénomène de la distribution de la chaleur sur le globe, qui résulte de l'action simultanée de tant de causes partielles, il faut (tel le permet l'état actuel de nos connaissances de Géographie physique) considérer les phénomènes dans leur plus grande généralité, les caractériser de la manière la plus concise, et n'ajouter des exemples que là où la clarté le demande impérieusement.

Nous avons rappelé plus haut que si la terre était un sphéroïde d'une masse homogène, on trouverait sur cette surface également homogène, fluide ou solide, toutes les *lignes d'égale chaleur* parallèles à l'équateur, parce que les pouvoirs *absorbans* et *émissifs* de la lumière et de la chaleur seraient partout les mêmes, à égale latitude. C'est de cet état moyen et primitif qui n'exclut pas les courans de chaleur dans l'intérieur et dans l'enveloppe du sphéroïde ou le transport de la chaleur par des courans aériens (si toutefois l'on veut admettre une atmosphère autour de la planète), que part une théorie mathématique. Elle détermine sur la surface supposée unie, dépourvue de plateaux et de chaînes de montagnes, la distance relative des lignes isothermes de n, 2n, 3n....... degrés à l'équateur, distances qui, pour les lignes isothermes correspondantes (de même dénomination), ne seraient pas les mêmes des deux côtés de l'équateur, l'hémisphère austral ayant un hiver plus long, et perdant par conséquent plus de sa chaleur émissive.

Tout ce qui altère les pouvoirs absorbans et rayonnans dans quelques parties de la surface placées sur un même parallèle à l'équateur, fait naître des inflexions dans les courbes isothermes. La nature de ces inflexions, l'angle sous lequel les courbes isothermes coupent les parallèles à l'équateur, la position des sommets concaves ou convexes par rapport au pôle de l'hémisphère homonyme, sont l'effet de *causes réfrigérantes ou calorifiantes* qui agissent inégalement par différentes longitudes géographiques. Une connaissance raisonnée de ces causes perturbatrices, de leur *poids* ou prépondérance relative, jointe à l'inspection d'une carte qui représenterait avec précision l'état de la surface du globe, absorbant et rayonnant inégalement, conduirait à prédire par approximation la direction, le sens de l'inflexion, et la quantité du mouvement d'une ligne isotherme (ligne d'égale chaleur annuelle), là où sa trace n'aurait point encore été fixée par les observations de température moyenne. Le même genre de prévision fondée sur l'analyse des causes réfrigérantes et calorifiantes et sur l'évaluation de leur prépondérance relative, s'appliquerait aux courbes *isothères* et *isochimènes*, courbes d'égale chaleur d'été ou d'hiver, c'est-à-dire à la distribution d'une même quantité de chaleur annuelle entre les diverses saisons de l'année.

Cette distribution, pour ne citer qu'un seul exemple, est très différente dans les îles et dans l'intérieur d'un vaste continent; mais elle offre, sur chaque courbe *isotherme*, des déviations d'un type commun, des osoillations renfermées dans d'étroites limites. Le partage entre la chaleur de l'hiver et de l'été se fait d'après des proportions fixes, et partout où la température moyenne de l'année s'élève à $9^{\circ}\frac{1}{2}$ ou 10° cent., on ne trouvera plus en Europe une température moyenne de l'hiver au-dessous de *zéro*. Il suffit d'avoir montré dans la plus grande généralité qu'en supposant d'abord parallèles entre elles et à l'équateur les trois courbes isothermes, isothères et isochimènes (1) (courbes qu'il ne faut pas plus confondre entre elles que les lignes d'égale déclinaison, inclinaison et intensité magnétiques), on peut suivre par le raisonnement, l'action des causes *perturbatrices* qui se réduisent toutes à l'idée d'une hétérogénéité par rapport aux pouvoirs absorbans et émissifs de la chaleur et qui dé-

(1) Voyez mon Mémoire sur la distribution de la chaleur sur le globe, dans les *Mémoires de la Société d'Arcueil*, tom. III, p. 529.

terminent le non-parallélisme, la nature des inflexions, la position des sommets concaves ou convexes des courbes d'égale température annuelle, estivale ou hivernale. Sans prétendre ici à une exactitude mathématique, on peut rappeler que la marche que j'indique pour perfectionner la connaissance des lois empiriques dans la distribution de la chaleur sur la surface du globe, en examinant une à une les *causes perturbatrices* de la *forme primitive* des courbes isothermes, est analogue à celle qu'emploient les astronomes, lorsqu'ils corrigent peu à peu le lieu moyen d'une planète de l'effet des inégalités de son mouvement. Il me paraît presqu'inutile de rappeler que si je me sers dans ces considérations des mots *forme primitive*, *état normal*, ce n'est que pour désigner le point de depart d'une supposition théorique, l'*état moyen* de parallélisme des courbes de chaleur par rapport à l'équateur, sans prétendre que l'homogénéité de la surface et de l'intérieur du sphéroïde terrestre doive avoir été le premier état d'une planète ou d'une nébuleuse planétaire qui se condense.

La plupart des phénomènes de la nature offrent deux parties distinctes : l'une qu'on peut soumettre à un calcul exact ; l'autre qu'on ne peut atteindre que par la voie de l'induction et de l'analogie. C'est ainsi que la théorie mathématique de la distribution de la chaleur peut lier les phénomènes qu'offrent l'accroissement de température dans l'intérieur du globe à diverses profondeurs, la perte qu'éprouve la surface, supposée homogène, par le rayonnement depuis les pôles jusqu'à l'équateur ; c'est ainsi qu'elle peut suivre les inflexions des couches *géo-isothermes* là où par le soulèvement de plateaux, non par celui de pics élancés, elles se trouvent placées à des distances inégales du centre de la terre. Les géomètres peuvent chercher des expressions analytiques pour les courbes qui retracent les variations de la température d'heure en heure, dans les différens mois de l'année et sous différentes latitudes, autant que ces variations régulières dépendent, dans une surface dont les pouvoirs absorbans et émissifs sont constans, de la hauteur du soleil, de l'angle d'incidence des rayons, de la durée de leur action selon la grandeur des arcs semi-diurnes, de l'effet du rayonnement de la surface supposée homogène, liquide ou solide; mais dans ce labyrinthe de causes perturbatrices qui, agissant simultanément, diversifient les effets dans deux portions de la surface de la terre placées sous un même parallèle géographique, il appartient aux physiciens de comparer les résultats d'une théorie mathématique aux faits recueillis avec soin ; de mesurer dans des localités choisies avec discernement, sous l'influence de circonstances entièrement opposées (sur des côtes orientales et occidentales, dans des îles et dans l'intérieur des continens, à l'ombre d'épaisses forêts et dans des plaines couvertes de gazon, au milieu de marais ou de lacs peu profonds et dans des endroits arides), l'*effet total*, c'est-à-dire les températures moyennes de l'année, des saisons et des heures, celles du *maximum* et du *minimum* diurnes; de fixer la position du sommet ou point culminant de la courbe de température annuelle par rapport aux deux solstices; de démêler, par la comparaison des *élé-*

mens numériques, recueillis par les mêmes latitudes sous l'influence de circonstances opposées, ce qui dans l'*effet total* est dû à chaque cause perturbatrice. C'est aux physiciens à déterminer empiriquement, je ne dis pas la quantité précise des influences partielles, mais les *nombres limites* entre lesquels oscillent les effets qu'exerce chaque influence sur la variation des températures moyennes de l'année, des hivers et des étés.

Depuis un demi-siècle, on a accumulé des observations de température sous les climats divers sans reconnaître les lois dont elles sont l'expression fidèle, lois qui ne peuvent se manifester qu'en groupant les faits d'après des considérations théoriques. Pour trouver avec succès, il faut ici, comme en général dans tous les travaux de physique, de chimie, de géographie des plantes ou de géologie de superposition, savoir isoler l'effet de chaque cause, passer progressivement des phénomènes simples aux effets des forces opposées. Partout où dans des problèmes de philosophie naturelle le conflit de tant de causes variables et qui ne sont pas suffisamment circonscrites, échappe à l'analyse, on peut encore, en groupant les observations partielles, en cherchant des *lois empiriques*, telles qu'elles se manifestent par une disposition particulière des *résultats moyens*, imiter jusqu'à un certain point, et sans affecter une précision que la complication des phénomènes ne permet pas d'atteindre, la méthode rigoureuse des géomètres.

Nous possédons déja par les travaux récens de M. Schouw les élémens numériques des variations horaires de température pour trois endroits, Padoue, Leith et Apenrade, placés entre les parallèles de 45° et 56°, et fondés sur 28,000 observations partielles, recueillies laborieusement par MM. Toaldo, Chiminello, Brewster et Neuber. L'égalité des accroissemens et décroissemens progressifs dans une zone si étendue est extrêmement remarquable. On connaît les coéfficiens par lesquels, entre les parallèles que nous venons de nommer, on peut réduire la moyenne de chaque heure du jour et de la nuit à la moyenne des températures des mois ou de l'année entière déduite de l'ensemble des observations horaires. Cette possibilité d'une réduction exacte est bien précieuse dans la pratique, lorsque l'observateur n'a pas la faculté de marquer l'état du thermomètre aux heures du *maxi-*

mum et du *minimum* de la température diurne. Tel est le pouvoir des moyennes tirées d'une très grande masse d'observations (par exemple de 28,000 pour Padoue, Leith et Apenrade), que malgré la différence d'une heure entière qu'offrent ces trois points de la Lombardie, de l'Ecosse et du Danemark par rapport aux époques absolues dont la température, le matin et le soir, représente exactement celle de l'année entière, je trouve l'éloignement de l'époque du matin à celle du soir partout la même, à trois minutes près. Les époques proméridiennes et postméridiennes auxquelles il faudrait observer, pour obtenir, par le résultat moyen d'une seule heure, la moyenne de l'année, se trouvent éloignées à Padoue de $11^h\ 14'$; à Leith de $11^h\ 12'$; à Apenrade de $11^h\ 11'$.

Un autre résultat numérique, dont on doit la première connaissance à M. Brewster, et que je trouve confirmé dans 12,000 observations horaires de Padoue, et 8700 observations horaires de Leith, est le résultat suivant : la demi-somme des températures moyennes de deux heures de même dénomination est, à moins d'un degré centésimal près, égale à la moyenne de l'année entière. Pour l'Ecosse, la différence ne s'élève même qu'à 0°, 2. On est frappé au premier abord de la généralité de cette loi. Les heures homonymes sont très inégalement éloignées de l'heure du *maximum* de la température diurne, et les heures d'égale température (on pourrait dire, par analogie avec la pratique des astronomes dans la détermination du temps vrai, les *hauteurs thermométriques correspondantes*) donnent pour chaque endroit une époque très différente de celle du maximum. Pour que la demi-somme de deux ordonnées d'égale dénomination horaire, c'est-à-dire de deux ordonnées de la courbe de température diurne appartenant à des heures homonymes, soit sensiblement égale à la moyenne de toutes les ordonnées, ou (dans la supposition peu exacte, mais admise dans la pratique des observations, d'une série par différence) à la demi-somme des deux ordonnées *maxima* et *minima*, il faut qu'entre les 45° et 56° de latitude, ou, pour ne pas aller au-delà des faits observés, dans les trois endroits pour lesquels on a pu réunir une masse si considérable d'observations faites d'heure en heure, les *courbes de la température diurne* offrent une compensation bien remarquable dans les portions placées des deux côtés du sommet.

Si des effets périodiques de la chaleur diurne nous passons aux variations des températures moyennes des mois, nous trouvons un rapport très différent entre les ordonnées placées à égale distance de l'ordonnée *maxima*. D'après les calculs utiles et laborieux de M. Bouvard sur 20 années d'observations de Paris, les plus grandes et les plus petites chaleurs correspondent, dans l'année, au 15 juillet et au 14 janvier, et se trouvent par conséquent placées (à un jour près) à une distance de 6 mois. Elles retardent de 25 jours chacunes sur les solstices d'été et d'hiver. Je ferai observer à cette occasion que les accroissemens et les décroissemens de la chaleur sont tellement symétriques, que non-seulement mars et novembre, deux mois équidistans du mois de juillet, qui offrent le *maximum* de la température mensuelle

(18°, 61), ont sensiblement la même chaleur moyenne (6°, 48 et 6°, 78), mais que pour signaler des portions plus petites de la courbe de l'année, je trouve qu'un jour de la première décade de mars (le 5 mars) a exactement la même température (5°, 67) qu'un jour de la troisième décade de novembre (le 24 novembre). Or, la distance de ces deux jours par rapport au sommet de la courbe (15 juillet) est des deux côtés de 132 jours. Voilà donc des *hauteurs correspondantes du thermomètre* dont la demi-somme donne l'époque du *maximum* ou le point culminant de la courbe de l'année, ce qui prouve (en se rappelant le théorême de la demi-somme des heures homonymes) que les petites inflexions périodiques diurnes de cette courbe sont d'une nature très différente de l'inflexion de la courbe entière. Lorsque pour un seul endroit (par exemple pour Leith ou Padoue) on possède 24×365 ou 8760 observations horaires faites pendant le cours d'une année, on peut les employer de trois manières : 1° en faisant passer la courbe annuelle par 8760 ordonnées, de sorte qu'elle devient une courbe sinueuse; 2° en traçant la courbe du *jour moyen* par 24 ordonnées des heures dont chacune est la moyenne de 365 ordonnées homonymes; 3° en traçant une courbe de l'année, dans laquelle les inflexions diurnes périodiques se trouvent supprimées, par le simple emploi des 365 ordonnées de la température moyenne des jours ou des 12 ordonnées des mois. Comme la chaleur du jour moyen de l'année se compose des températures de toutes les heures homonymes de l'année, il en résulte que l'ordonnée moyenne de chacune de ces trois courbes offre la même quantité que celle de la température moyenne de l'année. Les aires de ces courbes sont égales. Le *jour imaginaire ou moyen* représente, pour ainsi dire, en 4 divisions, les saisons de l'année ; il a son printemps matinal, son été partagé en deux parties égales par l'heure du *maximum* de la chaleur, son automne et son hiver nocturne. De même que les températures moyennes de l'année entière sont représentées par les mois d'avril et d'octobre, de même aussi 9^h du matin et 8^h du soir représentent à peu près la température moyenne du jour. Mais ces analogies que quelques physiciens se sont plu à étendre à l'aspect du ciel et des nuages, à l'état hygrométrique et électrique de l'air, ne soutiennent pas un examen rigoureux sous le rapport des relations mathématiques : elles ne peuvent pas s'appliquer à la nature des deux courbes de l'année moyenne et du jour moyen. La courbure des portions équidistantes (1) du sommet est sensiblement la même dans la première ; elle est très différente dans la seconde de ces lignes.

J'ai distingué dans cet exposé rapide des problèmes relatifs à la distribution de la chaleur sur le globe, les valeurs que l'analyse peut atteindre et ceux qui n'étant

---

(1) Telle est l'admirable régularité de la distribution de la chaleur entre les différentes parties de l'année (régularité qui se manifeste dans les moyennes de 10, 15 ou 20 années d'observations), que les jours qui représentent les températures moyennes de l'année, correspondent,

à Bude, au 18 avril et 20 octobre,
à Milan, au 13 . . et 21 . . . .
à Paris, au 22 . . et 20 . . . .

liées que par des lois empiriques, n'en sont pas moins susceptibles d'être examinées et mesurées d'après une méthode très rigoureuse. Les caractères principaux de cette méthode sont de réduire tous les problèmes de la distribution de la chaleur sur la superficie de notre planète, à des inflexions de certaines lignes (d'égale température de l'année, des étés et des hivers); de fixer les rapports de position de ces lignes entre elles et avec les méridiens et les parallèles à l'équateur; d'admettre un état *normal* primitif de parallélisme sur une enveloppe homogène, ayant dans tous les points les mêmes pouvoirs émissifs et absorbans de la chaleur lumineuse ou obscure; de considérer d'abord un à un, et puis *superposés*, les effets des causes perturbatrices qui altèrent l'égalité et l'équilibre de ces pouvoirs dans des systèmes de points placés à égale distance de l'équateur, et qui, en détruisant le parallélisme des lignes isothermes, isothères et isochimènes, donnent à chacune de ces lignes une forme particulière.

Ce sont ces *causes perturbatrices de forme* qui modifient, pour me servir d'une expression introduite par Mairan (1) et Lambert (2), le *climat solaire* (les effets du mouvement périodique de la chaleur solaire) et le réduisent au *climat réel.* Une théorie mathématique peut déterminer ce qui appartient à l'inégale exposition des parties de la surface aux rayons solaires de

---

(1) *Mém. de l'Académie*, 1719, p. 133, et 1765, p. 145-210.

(2) *Pyrometrie oder von dem Maasse des Feuers* 1779, p. 342.

l'équateur au pôle, à cet accroissement (en raison du carré du cosinus de la latitude) qui dépend de l'obliquité et de l'inégale durée d'action des rayons, le globe étant supposé d'une masse homogène et dépourvu d'atmosphère. En comparant, je ne dis pas les quantités absolues de chaleur, mais les rapports qu'offrent ces quantités entre elles à différente latitude et en différentes parties de l'année, déterminés par la théorie mathématique du *climat solaire*, aux rapports et élémens numériques qui résultent de l'observation des *climats réels*, on parviendrait à isoler approximativement ce qui, dans l'effet total, est produit par le manque d'homogénéité de la superficie, par l'inégale répartition des pouvoirs absorbans et émissifs. Lorsque ce premier départ sera fait, l'examen des causes perturbatrices du parallélisme qu'affecteraient les lignes d'égale chaleur sur une enveloppe homogène, ne peut être qu'empirique. L'effet total est produit par le mélange de températures de différentes latitudes qu'amènent les vents ; par le voisinage des mers qui sont d'immenses réservoirs d'une chaleur peu variable; par l'inclinaison, la nature chimique, la couleur, la force rayonnante et l'évaporation du sol; par la direction des chaînes de montagnes, la forme des terres, leur masse et leur prolongement vers les pôles; par la quantité de neige qui les couvre pendant l'hiver, enfin par ces glaces qui forment comme des continens circompolaires et dont les parties détachées, entraînées par les courans, modifient quelquefois sensiblement le climat pélagique sous la zone tempérée. J'ai exposé plus haut comment en groupant habilement les faits, par la comparaison d'élémens numériques obtenus, à égale distance de l'équateur, sous des circonstances les plus opposées, on peut isoler chaque cause perturbatrice partielle et approcher de l'évaluation de son *poids*. Le raisonnement procède ici comme l'on fait en appliquant le calcul aux phénomènes physiques très complexes. En isolant parmi 32 températures moyennes, observées jusqu'à 5000 mètres de hauteur au-dessus du niveau de l'Océan, les stations placées sur la pente de la Cordillère des Andes de celles qui se trouvent au milieu de vastes plateaux, j'ai trouvé, comme je l'ai fait voir ailleurs (1), pour ces dernières une augmentation de chaleur annuelle qui n'excède pas, à cause

(1) Voyez mon Mémoire sur les lignes isothermes parmi les *Mém. de la Société d'Arcueil*, t. III, p. 583.

du rayonnement nocturne, 1° ½ à 2°, 3 du thermomètre centigrade.

Je cite de préférence un exemple tiré de la région tropicale, parce que là où les forces vives de la nature se limitent et se balancent avec une admirable régularité, il est plus facile d'*isoler* une seule cause perturbatrice et de connaître l'état moyen de l'atmosphère, le type de ces variations périodiques. On doit considérer d'abord chaque cause comme si elle existait seule, puis discuter lesquels des effets, en les réunissant, se modifient, se détruisent ou se *superposent* comme dans les petites ondulations qui se rencontrent. Lorsque les causes agissent isolément, on peut les sommer d'après la nature de leur signe, selon qu'elles augmentent ou diminuent la température moyenne d'un lieu comparée à une certaine quantité de glace fondue : mais lorsque deux causes se réunissent, la quantité de l'effet est modifiée d'après des lois plus difficiles à reconnaître. L'évaporation du bassin d'un lac, par exemple, est une cause frigorifique ; son effet augmente par des courans qui baignent la surface des eaux, mais si ces courans amènent en même temps de l'air dont la température excède celle de l'eau, l'effet frigorifique de l'évaporation est contrebalancé par l'effet prépondérant calorifique du courant. Le résultat définitif est un exhaussement de température dû à l'action du vent sud-ouest diminuée par l'évaporation. De même, une couche légère de nuages agit à la fois de deux manières opposées, en diminuant l'effet de l'irradiation solaire et la perte de chaleur qu'éprouve la surface du globe par le rayonnement.

Quant à l'action qu'exercent, par l'inégale distribution locale des pouvoirs absorbans ou émissifs de la surface, les causes perturbatrices sur la forme des lignes isothermes, on peut l'envisager de la manière suivante : chaque cause agissant séparément sur un point, *a*, d'une de ces lignes, augmente ou diminue la température moyenne de *a* ; elle l'approche ou l'éloigne pour ainsi dire de l'équateur, et le fait *osciller*, par ce changement de latitude, dans le sens d'un méridien. Admettons que la différence des excursions australes et boréales, déterminée par la réunion de toutes ces causes, ait rendu la latitude de ce point plus australe d'une certaine quantité de l'arc du méridien, ou plutôt (pour ne pas parler du mouvement d'un point qui, dans la réalité, est immobile sur la surface du globe), supposons que la réunion des causes perturbatrices augmente la température de a, et la fasse appartenir à une ligne isotherme plus rapprochée de l'équateur; alors une portion de cette ligne devra monter vers le nord, en augmentant de la même quantité en latitude que nous avions d'abord supposé le point, a, dans son mouvement apparent, avoir oscillé vers le sud. C'est ainsi que, par le changement des pouvoirs absorbans et émissifs, et par l'inégale action de certaines portions de l'enveloppe du globe sur un système de points voisins d'une ligne isotherme, cette ligne prend des inflexions à sommets concaves ou convexes. C'est aussi par un effet analogue, par la réunion des circonstances qui augmentent la température de l'Europe, c'est-à-dire de l'extrémité occidentale de l'ancien continent, que la ligne isotherme de 13° cent. passe par Milan et le centre de la France sous les 45° ½ de latitude, quand sur les côtes orientales de l'Asie et de l'Amérique, à Pékin et en Pensylvanie, il faut descendre, pour la trouver, au moins jusqu'à 39° ½ de latitude.

J'ai présenté le résumé des principes que, dans les recherches sur la distribution de la chaleur à la surface de notre planète, je crois les plus propres à lier par des lois empiriques, des phénomènes si variables et si compliqués en apparence; j'ai essayé de montrer comment on peut atteindre (par une méthode particulière de grouper les résultats numériques, et d'isoler les causes dans l'analyse raisonnée des effets complexes) ce qui échappe à l'application rigoureuse d'une théorie mathématique. Les phénomènes du magnétisme terrestre dans ses trois grandes manifestations de déclinaison, d'inclinaison et d'intensité, n'ont aussi été liés par des lois générales que depuis l'époque où l'on a commencé à tracer des lignes par les points de la surface, qui jouissent simultanément des mêmes propriétés magnétiques, et à suivre les inflexions de ces lignes, leurs rapports avec les parallèles à l'équateur et leurs mouvemens dans la suite des siècles.

Il est également certain que des changemens assez considérables sont produits dans l'état de l'enveloppe du globe, soit par les progrès des sociétés humaines lorsqu'elles deviennent très nombreuses et très agissantes, soit par des causes géologiques presque inaperçues dans la lenteur extrême de leurs effets, et qui tiennent à un manque de cet équilibre que la lutte des élémens et des forces n'a point encore entièrement atteint. Des changemens analogues doivent altérer, dans un long espace de temps (mais non à retour périodique comme dans le mouvement des courbes magnétiques) la forme des lignes d'égale chaleur de l'année, des hivers et des étés. Dans les Gaules, en Germanie et dans la partie septentrionale de ce Nouveau Monde, où, sous l'égide d'institutions libres et fortes, la population et la puissance intellectuelle des sociétés font des progrès si étonnans, les mêmes parties du globe n'ont pas conservé la même latitude isotherme. Si par l'effet de grandes causes géologiques dans une portion d'un continent, la prépondérance moyenne de certains vents fut changée sensiblement, la hauteur barométrique et la quantité de vapeurs condensées y seraient modifiées aussi. La Géographie physique a ses *élémens numériques*, comme le Système du monde, et ces élémens seront perfectionnés progressivement à mesure que l'on saura disposer les faits dans le but de reconnaître les lois générales dans le conflit des perturbations partielles.

Lorsqu'au centre d'un même continent, à la même distance de l'équateur, par conséquent sous l'influence d'un même *climat solaire*, on trouve des lieux dont la température moyenne est sensiblement supérieure ou inférieure à la température moyenne des lieux voisins, l'examen des causes de ce phénomène force le physicien à se rappeler l'ensemble des effets calorifiques ou frigorifiques que peuvent produire de certaines distributions d'inégalités de la superficie du globe, de certaines dispositions habituelles dans la direction des courans atmosphériques. C'est en comparant l'ensemble de ces effets possibles, classés d'après leurs *signes positifs ou négatifs*, avec la topographie réelle de la contrée plus chaude ou plus froide que celles qui sont placées à la même latitude, qu'on cherche à résoudre le problème.

Parmi les causes qui élèvent la température moyenne annuelle d'une contrée se présentent au premier abord : la proximité d'une côte occidentale dans la zone tempérée ; la configuration d'un continent offrant des péninsules et des mers intérieures ; les rapports de position d'une portion du continent, soit à une mer libre de glace qui s'étend au-delà du cercle polaire, soit à une masse de terres continentales d'une étendue considérable, placées entre les mêmes méridiens, sous l'équateur ou dans une partie de la zone torride ; la prépondérance de vents qui soufflent du sud et de l'ouest dans l'extrémité occidentale d'un continent de la zone tempérée ; des chaînes de montagnes servant d'abri contre les vents qui soufflent de régions plus froides ; la rareté des marais et le déboisement d'un sol aride et sablonneux.

Les causes frigorifiques sont : l'élévation du lieu au-dessus du niveau de l'océan, avec absence de plateaux étendus ; la proximité d'une côte orientale par les latitudes hautes et moyennes ; la configuration d'un continent dépourvu de sinuosités, se prolongeant vers les pôles jusqu'aux glaces perpétuelles (sans interposition de mer libre), ou ayant entre les mêmes méridiens que la contrée dont on discute le climat, selon la dénomination de l'hémisphère, au sud ou au nord, une mer équatoriale sans terre ferme; des chaînons de montagnes dont la direction empêche l'accès des vents chauds, ou le voisinage de pics isolés qui causent fréquemment, le long de leur pente, des courans descendans nocturnes; de vastes forêts; la fréquence des marais qui forment de petits glaciers souterrains jusqu'au milieu de l'été; un ciel brumeux qui empêche l'irradiation dans la saison chaude, ou un ciel serein hivernal qui favorise l'émission de la chaleur.

Dans l'énumération des causes qui sont perturbatrices de la forme des lignes isothermes, on pourrait suivre cette même classification d'effets à signes contraires, mais cette classification offrirait le désavantage de séparer des phénomènes complexes qui, diversement modifiés, agissent différemment aussi, qui altèrent les effets en les superposant, et dont l'influence n'est pas la même sur la quantité de chaleur que reçoit un point du globe dans l'espace d'une année, et sur la distribution de cette quantité entre les différentes saisons. Des considérations analogues, fondées sur l'unité de la nature, qui est l'union intime de tous les phénomènes physiques, le résultat de toutes les forces qui se pénètrent, se combattent et se balancent réciproquement, doivent nous engager à abandonner une classification en deux séries de signes contraires. Nous devons préférer celle qui naît de la considération de l'état du globe terrestre enveloppé de couches de fluides élastiques, d'un océan aérien, dont le fond est formé en partie par la surface de la mer, en partie, par la terre ferme, hérissée de montagnes, nue et sablonneuse ou couverte de végétaux. Nous allons examiner rapidement, sous le point de vue le plus général, la triple action du sol, de la mer et de l'air sur la distribution de la chaleur, si inégale dans des systèmes des points placés à la même distance de l'équateur. Obligé par la nature des développemens que renferme ce mémoire, de signaler quelques-unes des mêmes causes différemment groupées, je ne puis éviter l'apparence d'une répétition fréquente d'expressions qui ont rapport aux pouvoirs absorbans et émissifs des corps, au transport de la chaleur par des courans. Nous devons nous occuper ici de l'analyse de l'effet total, d'un genre de recherches que l'absence de toute méthode et la tendance d'attribuer à de petites causes locales ce qui est dû à la configuration des grandes masses continentales, a rendu long-temps si vagues et si infructueuses. Il s'agit surtout de préciser avec clarté des faits dont la liaison raisonnée conduit à une connaissance approfondie des lois empiriques. Je me bornerai à quelques exemples que m'ont fournis de longs voyages de terre dans l'intérieur des deux continens, au nord et au sud de l'équateur, par plus de 72 degrés de latitude et à des élévations si différentes au-dessus du niveau des mers.

I. Sol. — Saisir les grands traits physiques qui caractérisent la superficie du globe terrestre là où elle entre en contact immédiat avec l'atmosphère, et s'élève au-dessus de l'océan, c'est nommer les causes qui, par la configuration des continens et l'inégale distribution des pouvoirs absorbans et émissifs de la chaleur, diversifient les climats. L'étendue de la surface du sphéroïde terrestre qui est à sec, ne forme pas la quatrième partie de l'étendue que recouvrent les mers; il n'est par conséquent pas douteux que la température totale de l'atmosphère, que l'on peut regarder comme le résultat de toutes les températures partielles de la surface du globe, est plus puissamment modifiée par le bassin des mers, par les parties liquides, non élastiques, diaphanes, que par les parties solides, continentales, opaques. Sous ce point de vue qui n'a rapport qu'à l'étendue des surfaces agissantes, les connaissances que nous avons acquises depuis vingt-cinq ou trente ans de la température de l'océan dans sa couche supérieure, sous différentes latitudes, en différentes saisons, aux heures du jour et de la nuit, ont singulièrement contribué à l'avancement de la *Climatologie*. Si la portion fluide

(pélagique) agit par un plus grand nombre de points, elle agit aussi plus uniformément par l'homogénéité de sa surface et l'égalité de courbure qu'elle conserve à l'état d'un équilibre stable. Il en résulte, et cette observation générale sur le contraste des parties continentales et océaniques doit précéder toutes les autres, qu'en suivant le tracé des lignes d'égale chaleur à travers la surface d'une vaste mer qui sépare deux continens, les inflexions de ces lignes y sont moins considérables et plus régulières, et que ces lignes mêmes dévient moins de la coïncidence primitive avec les parallèles à l'équateur que dans l'étendue des continens. J'ai comparé ailleurs (1) dans un travail récemment publié, les températures moyen-

---

(1) *Relat. Hist.*, t. III, p. 526.

nes annuelles des différentes zones boréales de l'Océan Atlantique, entre les 25 et 45 degrés de latitude, à la température des parties continentales voisines, situées à l'est et à l'ouest; j'ai fait voir que les parties occidentales de l'ancien monde offrent sensiblement, sous les mêmes parallèles, les mêmes températures que sur une largeur de 1200 lieues de longitude, (si l'on en excepte la rivière pélagique d'eau chaude, connue sous le nom de *Gulf-stream*) la surface de l'Océan Atlantique. L'inflexion brusque et à sommet concave des lignes isothermes de 14° à 21° ne commence que sur les côtes orientales de l'Amérique du Nord, où, dans les parties cisalléghaniennes, les températures moyennes annuelles corespondantes à 30°, 35°, 40° et 45° de latitude sont 19°, 4; 16°,0; 12°,5 et 8°,2 cent., tandis que dans le bassin de l'Atlantique elles sont 21°,2; 18°,8; 16°,7 et 14°,0. Le système particulier du climat de ce bassin appartient par conséquent, entre les parallèles que je viens de nommer, beaucoup plus au système des climats de l'extrémité occidentale de l'Ancien Continent qu'à celui de l'extrémité orientale de l'Amérique.

Parmi les causes qui, sur une aire de la surface du globe quatre fois moins étendue que la surface des mers, donnent au sol des continens l'influence prépondérante sur les inflexions des lignes isothermes, la plus générale et la plus puissante est l'opacité, la densité et l'état de cohésion des parties solides en opposition à la diaphanité, la perméabilité pour la lumière, et la mobilité des fluides. Après l'exhaussement en plateaux et en mon-

29

tagnes, dont nous faisons encore abstraction dans ces recherches, les propriétés physiques que nous indiquons occupent le premier ordre parmi les causes perturbatrices. A égal angle d'incidence des rayons, à égale proportion entre la quantité de lumière absorbée et réfléchie par un horizon de grandeur déterminée, la lumière pénètre moins profondément dans les masses opaques; le mouvement de la chaleur est très différent dans l'intérieur des subtances solides, et dans les liquides diaphanes à molécules mobiles. Dans les premières, qui sont opaques, une puissante accumulation de chaleur est restreinte à la couche la plus voisine de la surface. Cette modification particulière des pouvoirs absorbans et émissifs rend aussi, dans les corps solides, beaucoup plus grande l'étendue des variations périodiques (diurnes et annuelles) de la température. Il en résulte, nous le répétons, que la position relative des masses opaques, solides ou continentales et des masses diaphanes, liquides ou pélagiques, est (dans la supposition d'une surface continentale d'une même courbure avec celle des mers) la cause qui influe le plus, et à de plus grandes distances, sur la distribution de la chaleur terrestre, l'état hygrométrique de l'air et les courans.

Ce que nous venons de nommer *position relative des masses opaques et diaphanes*, peut avoir rapport, soit à l'*area* superficielle de chaque masse ou à la prépondérance d'étendue qu'une d'elles manifeste dans une certaine partie du globe, soit à la forme des limites (des lignes qui passent par les points de contact réciproque), par conséquent à la configuration des continens. Ces deux genres de considérations, que nous ne faisons qu'indiquer ici, sont de la plus haute importance pour la Géographie physique. La première rappelle les distinctions d'*hémisphère aquatique* et d'*hémisphère continental*, c'est-à-dire l'accumulation relative des terres au nord et au sud de l'équateur ou (en divisant la surface terrestre par un plan qui passe par l'axe de rotation) entre les méridiens de 20° O. et 140° E., ceux du Cap-Vert et de l'embouchure de l'Amour. Ces deux accumulations continentales, opposées à de vastes étendues pélagiques qui sont presque dépourvues de terres dans l'hémisphère austral et occidental (par rapport à l'Europe), modifient à la fois la température, la sécheresse et la direction des courans de l'atmosphère qui recouvre la surface du globe. Dans le second genre de considérations que présente la distribution ou position relative des parties opaques et diaphanes, solides ou fluides, continentales ou pélagiques, nous faisons abstraction de l'*area* comparative, de la prépondérance des masses dans telle ou telle région du globe ; nous n'examinons que la nature des limites entre les parties fluides et solides, les contours ou la *configuration* des continens, en excluant ce que cette expression rappelle d'inégalités et d'ondulations de la surface dans le sens vertical.

La configuration des terres par rapport au mode de leur contact avec l'Océan, influe sur la douceur ou la rigueur du climat, comme dès le premier établissement des sociétés et de la migration des peuples, elle a influé sur le développement plus ou moins rapide de la civilisation, selon qu'une forme continentale est sinueuse, *articulée* pour ainsi dire, offrant de fréquens étranglemens et des prolongemens péninsulaires dans ses contours (comme l'ouest de l'Europe, l'Italie, la Grèce, et l'Inde en-deçà et au-delà du Gange), ou qu'elle présente une *configuration en masses continues*, à contours très simples non interrompus par des sinuosités profondes (1) (comme toute

---

(1) Regiones per sinus lunatos in longa cornua porrecta, angulosis littorum recessibus quasi membratim discerptæ, vel spatia patentia in immensum, quorum littora nullis incisa angulis ambit sine anfractu Oceanus. — Si ex plaga æquinoctiali abis in acuminatas illas partes continentium, quæ in zonam temperatam hemispherii australis porriguntur, illas, propter circumfusi Oceani vastitatem, eodem cœlo, quo insulas, uti deprehendes; hyeme miti, æstate temperata. — Magna aquarum

l'Afrique, le nord de l'Asie, le nord-est de l'Europe et la Nouvelle-Hollande). Les irruptions de la Méditerranée, de la Mer Rouge et du Golfe Persique; la proximité de la Caspienne à la Mer Noire qui n'est qu'un vaste golfe septentrional de la Méditerranée, déterminent les inflexions des lignes isothermes et plus encore celles des lignes d'égale chaleur estivale et hivernale dans l'ouest et le sud de l'Europe comme dans le sud-est de l'Asie. Le peu d'étendue de variations que présentent les températures des mers, tend à égaliser la distribution périodique de la chaleur entre les différentes saisons de l'année. La proximité d'une grande masse fluide tempère,

---

vis in hemispherio australi æstivos ardores temperat et frigus hyemale frangit. (*Humb. de distrib. plant.* p. 81, 182.)

par son action sur les vents, les ardeurs de l'été et les rigueurs de l'hiver. De là l'opposition entre le *climat des îles et des côtes*, dont participent tous les continens *articulés* ou péninsulaires et *le climat de l'intérieur de vastes continens;* opposition remarquable dont les phénomènes variés, influant sur la force de la végétation, la diaphanité du ciel, le rayonnement de la surface terrestre et la hauteur de la courbe des neiges perpétuelles, ont été complètement exposés pour la première fois dans les ouvrages de M. Léopold de Buch.

L'Europe offre un exemple frappant de ce contraste que nous venons d'indiquer et que nous ne regardons ici que fondé sur la comparaison des masses, ou des *aires* de la surface liquide ou solide, en faisant encore abstraction de l'*orientation* des côtes ou de leur exposition à tel ou tel vent prépondérant. Je citerai la différence si petite des températures moyennes de l'année et le décroissement extrêmement lent de la chaleur, depuis Orléans et Paris jusqu'à Londres, Dublin, Édimbourg et Franecker, malgré l'accroissement de latitude (de France en Irlande, en Écosse et en Hollande) de plus de 4° à 6°, tandis que un seul de ces degrés de latitude produit, selon mes recherches (1), dans le système de climats exclusivement continentaux de l'Europe, entre les parallèles de 45° et 55°, un changement de température annuelle de 0°, 62 cent. Un îlot, une langue de terre, une bande littorale, en contact avec une grande masse d'eau qui conserve en hiver une partie considé-

---

(1) *Humb. de distrib.*, p. 162; *Mém. d'Arcueil*, T. III, p. 509, 530.

rable de la chaleur acquise pendant l'été, qui envoie vers le fond les molécules refroidies, qui, en-deçà de 70° à 75° de latitude, ne se couvre pas de glaces et n'accumule par conséquent pas les neiges sur sa surface, offrent, à égalité de vents prépondérans et même en supposant l'atmosphère absolument calme, des climats plus *tempérés*, des hivers beaucoup plus doux, des étés plus frais, et, en résultat total, une chaleur annuelle un peu plus élevée que l'intérieur des terres à grandes masses continues. Ce qui caractérise le *climat continental*, c'est l'analogie avec les climats que Buffon a nommés *excessifs* à cause de la grande opposition qu'on observe entre les saisons de l'année, et cette analogie augmente avec les latitudes, de même que, sous la zone tempérée, vers l'extrémité orientale des deux mondes.

Comme il s'agit dans cette partie de mon Mémoire de considérer les causes perturbatrices de l'équilibre et du parallélisme normal des lignes isothermes une à une et non superposées, j'ai dû insister sur la différence de température entre le *littoral* et *l'intérieur* des terres que présenteraient deux systèmes de points de la surface solide et opaque du globe, inégalement voisins de quelques autres systèmes de points de la surface liquide et diaphane. Ce contraste existerait même dans le cas hypothétique où le globe absorbant et rayonnant, serait dépourvu d'atmosphère ou enveloppé de fluides gazeux et transparens, mais ayant perdu (1) la mobilité de leurs parties, transmettant la tempé-

---

(1) M. Fourier a examiné sous un autre point de vue cette supposition d'une atmosphère devenue solide. (*Ann. de Chimie*, t. XXVII, p. 155.)

rature par conductibilité et perméabilité à la chaleur rayonnante et non par des mouvemens intérieurs. La différence entre les climats du littoral ou des îles, et les climats de l'intérieur s'observerait sans l'effet du vent ouest qui est prépondérant dans la zone tempérée, même sans l'effet de ces petits courans qui ont lieu dans le calme apparent le plus complet, et sans lesquels on ne peut concevoir une atmosphère fluide, à molécules mobiles, comme la nôtre. Cette différence existerait aux limites orientales et occidentales des continens, et si aujourd'hui dans les premières (par exemple dans les États-Unis de l'Amérique, en comparant les parties Cis- et Trans-Alleghaniennes) elle disparaît presque totalement (1), c'est parce que les vents

(1) D'après les recherches de MM. Mansfield et Drake. (*Nat. and statist. vew of Cincinnati.*, p. 163.)

dominans occidentaux (vents de terre) y conservent tout leur froid hivernal en atteignant les côtes orientales , et refroidissent même l'air de la mer voisine, tandis que, à l'extrémité occidentale d'un continent, les vents ouest qui y sont des vents de mer, perdent de leur chaleur acquise pendant l'hiver par le contact avec la surface de la mer à mesure qu'ils avancent vers l'intérieur.

Il résulte de ces considérations que le décroissement de la chaleur annuelle qui se manifeste par des observations directes, en avançant en Europe dans l'intérieur des terres vers ces régions orientales où l'ancien continent s'élargit progressivement, détermine l'inflexion à sommet concave des lignes isothermes. Ce décroissement est l'effet de deux causes superposées, 1° de la proximité différente de deux systèmes de points au bassin d'une mer, en faisant abstraction des courans dans l'air et 2° de la transmission de la température par les vents prédominans. Comme c'est l'atmosphère qui contribue le plus à distribuer la chaleur à la surface de notre planète, j'ai dû anticiper ici sur les effets de l'air en mouvement, et dans les exemples qui suivent et que j'ai réunis entre le cours de la Loire et celui du Wolga, il n'a pas dépendu de moi de séparer les effets de la configuration des continens de l'influence des vents prédominans occidentaux. Voici la diminution de la chaleur moyenne annuelle depuis le littoral occidental de l'Europe jusqu'au-delà du méridien de la Caspienne : Amsterdam (lat. 52° 22', temp. ann. 11°,9) et Varsovie (lat. 52°14', temp. ann. 8°,2); Copenhague (lat. 55°41', temp. ann. 7°,6) et Kasan (lat. 55°48', temp. ann. 3°,1) : mais ces différences entre le climat de l'intérieur d'un continent s'échauffant à l'excès par l'irradiation estivale et se couvrant de neiges en hiver et le climat des îles et du littoral, se manifestent numériquement bien plus encore soit par leur influence sur la végétation et la culture, soit par la distribution de la chaleur entre les différentes saisons, dans les rapports des termes qui expriment la chaleur moyenne de l'été et de l'hiver. Ces termes (1) sont dans le centre de la Hongrie, à Bude (lat. 47°29′, temp. ann. 10°,6):

---

(1) Les températures sont toujours indiquées, dans le cours de ce Mémoire, en degrés *centésimaux*, si le contraire n'est pas expressément énoncé. Les températures d'hiver comprennent décembre, janvier et février. Les hauteurs de Kasan et de Moscou au-dessus du niveau des mers ne sont que de 45 et de 76 toises.

— 0°,6 et + 21°,4 ; à Vienne (lat. 48°12′, temp. ann. 10°,3) : 0°,4 et 20°,7 ; à Kasan (lat. 55°,48′, temp. ann. 3°,1) : — 16°,6 et + 18°,8 ; quand, sous des latitudes à peu près correspondantes, mais sous l'influence de la proximité de l'Océan, ces termes sont pour Nantes (lat. 47°13′, temp. ann. 12°,6) : 4°,7 et 18°,8 ; pour Saint-Malo (lat. 48°,39′, temp. ann. 12°,1) : 5°,7 et 18°,9 ; pour Édimbourg (lat. 55° 57′, temp. ann. 8°,8) : 3°,7 et 14°,6. En comparant une partie des Iles Britanniques au centre continental de la Russie, par exemple Édimbourg et Kasan placés à égale distance de l'équateur, on reconnaît combien les différences hivernales (de + 3°,7 et — 16°,6) excèdent les différences estivales de 14°,6 de 21°,4) qui sont d'un signe contraire. Les causes frigorifiques de l'hiver l'emportent de beaucoup sur les causes calorifiques de l'été, d'où résulte une augmentation de la température annuelle dans l'intérieur des terres, augmentation totale qui cependant ne devient très sensible (1) qu'en s'éloignant considérablement des côtes.

---

(1) Voyez le tableau de seize endroits des côtes et de l'intérieur de la France que j'ai donné dans les *Mem. d'Arcueil*, t. III, p. 540—544. Les différences des températures annuelles ne s'élèvent qu'à 0°,8 ou 1° centigrade. Il est à regretter que, dans un genre de recherches si importantes pour l'agriculture, on ait, même de nos jours, tant négligé, par rapport à la vaste étendue du pays, la connaissance des températures moyennes. Nous manquons d'observations précises qui fassent nettement ressortir les différences des températures moyennes hivernales et estivales, d'un côté de Cherbourg, Saint-Brieuc, Vannes, Nantes, et Bayonne; de l'autre, de Chartres, Troyes, Châlons sur Marne, et Moulins. Ce n'est que par un concours d'observations faites dans des stations systématiquement distri-

Nous venons d'indiquer les premiers rapports, ceux d'*étendue*, de *position relative* et de *configuration* par lesquels la distribution des parties opaques ou diaphanes, continentales ou fluides, modifient la distribution de la chaleur sur le globe, abstraction faite des montagnes ou du *relief* de la surface. La configuration des continens peut être considérée d'une manière absolue d'après la seule nature des contours ou en ayant égard aux rapports qu'offre la direction des axes des masses continentales avec les zones climatériques,

---

buées; ce n'est qu'en précisant ce que l'on veut découvrir, que la *Climatologie comparée* ou la connaissance de la distribution de la chaleur dans les différentes parties de la France, selon qu'elles sont plus ou moins éloignées du bassin des mers, pourrait enfin se perfectionner sous les auspices de l'Institut.

c'est-à-dire avec les parallèles à l'équateur, les méridiens et le voisinage des pôles. A ces considérations de forme et d'orientation, se lient celles de l'état de la surface rocheuse ou sablonneuse, couverte de graminées, de forêts, de marécages ou de cultures. C'est là, je pense, l'ensemble des modifications par lesquelles le *sol* agit sur les climats.

L'action solaire influant à la fois sur la température, les variations d'élasticité atmosphérique, la prédominance des vents, les degrés d'humidité et de tension électrique, varie dans son pouvoir d'irradiation selon la position des masses continentales par rapport à l'équateur ou aux points cardinaux en général. Pour caractériser un système de climats continentaux, il faut examiner avec soin sous quelle zone est placé le *maximum* des terres fermes, quelle est la direction de leur axe longitudinal, en supposant un contour rectiligne et *moyen*, entre les sinuosités positives et négatives, et en compensant l'aire des golfes avec l'aire des péninsules. C'est de cette direction moyenne de l'axe des masses continentales (du S. O. au N. E. dans l'Europe entière, du S. E. au N. O. dans l'Amérique, au nord du parallèle de la Floride), c'est de ce balancement des pouvoirs absorbans et émissifs qui naît de l'irradiation de parties voisines inégalement étendues, à surface fluide ou solide, que dépend surtout la fréquence, la force et la température des vents, comme leur pouvoir de donner de la serénité ou de l'opacité à l'atmosphère. L'équateur ne coïncide pas avec la ligne qui sépare les vents alizés du nord est de ceux du sud est. Cette ligne ou limite, foncièrement déterminée par le plus long séjour du soleil dans l'hémisphère boréal, et par la différence de température totale des deux hémisphères, devient sinueuse et varie, par différens degrés de longitude, à cause de l'inégale répartition et direction des masses continentales (1). De même les largeurs très différentes de l'Ancien et du Nouveau Continent par les 45° et 50° de latitude (différence qu'exprime le rapport de 4 à 1), déterminent la prépondérance des vents du nord à l'est sur ceux du sud à l'ouest en différentes saisons, comme aussi les modifications qu'apporte, selon les vues ingénieuses de MM. de Buch (2) et Dove (3),

---

(1) *Relat. hist.*, t. I, p. 199.

(2) *Barometrische Windrose* dans les *Abhandl. der Berliner Acad. für* 1818 *und* 1819, p. 187.

(3) Voyez une longue série de mémoires dans *Poggendorf*, *Annalen*, t. XV, p. 53.

chaque classe de ces vents, et le mode de leur succession à l'état barométrique et hygrométrique de l'air. Les vents alizés (du N. E. et du S. E.) et leurs contre-courans (vents de remous du S. O. et du N. O.) qui prédominent dans les deux hémisphères, sous les zones tempérées, ne sont sans doute que l'effet de deux courans opposés (polaires et équatoriaux) de l'atmosphère; courans modifiés par la rotation de la terre et par la vitesse (1) des mo-

(1) Aux preuves de l'existence d'un contre-courant de l'ouest dans les hautes régions tropicales (preuves fournies par les vents qui prédominent à la cime du Pic de Ténériffe et par les cendres des volcans de Saint-Vincent arrivées à l'île de la Barbade), on peut ajouter le témoignage récent d'un marin danois très expérimenté, le lieutenant de vaisseau, M. Paludan. Cet officier a souvent vu, dans la zone equinoxiale, lorsque les vents alizés

lécules d'air variables avec les parallèles; mais l'échauffement inégal des masses continentales et pélagiques, l'agroupement différent des terres, la direction de leurs axes moyens (l'angle que font ces axes avec les méridiens), et le prolongement des terres vers l'équateur ou vers le cercle polaire, modifient l'*état normal* de ces *vents généraux* et leur donnent, en différens parages, selon l'élargissement et la forme des continens, et selon la différence des saisons, un caractère individuel (1).

---

soufflaient grand frais à la surface de la mer, les petits nuages très élevés se mouvoir rapidement de l'ouest à l'est. *Schouw, Vergl. Klimatologie* 1827. *H.*, I, p. 55.

(1) L'influence de la configuration des continens sur la direction des vents a aussi été discutée dans l'important ouvrage de M. Schouw que je viens de

En désignant, d'après la distribution des masses opaques qui constituent immé-

---

citer. « Dans toute l'Europe boréale, entre les 50° et 60° de latitude, les vents occidentaux (O., N. O. et S. O.) prédominent sur les vents orientaux (E., N. E. et S. E.); mais cette prédominance diminue à mesure que des côtes occidentales on pénètre dans l'intérieur des terres, vers le nord est. Les vents occidentaux inclinent dans le voisinage de l'Atlantique davantage vers le sud, et les vents du nord augmentent dans l'est de l'Europe. La prédominance des vents occidentaux sur les vents orientaux est plus grande en été qu'en hiver et au printemps; mais cette influence des saisons diminue à mesure que l'Europe s'élargit vers l'est. Les vents occidentaux sont le plus souvent en hiver sud ouest, en été ils soufflent du nord ouest ou directement de l'ouest. En examinant les températures moyennes de cinquante-six années, et en divisant ces années en deux groupes, selon que les vents occidentaux ont été plus ou moins fréquens que

diatement la superficie du globe, les hémisphères nord et sud par les dénominations d'hémisphères *continental* et *aquatique*, on observe qu'à l'exception de la Méditerranée et du prolongement pénin-

---

dans l'état de leur *prédominance moyenne totale*, on trouve pour Copenhague :

	HIVER.	PRINT.	ÉTÉ.	AUT.	ANNÉE.
Pour le 1er groupe.	+0°,54	6°,40	17°,24	9°,46	8°,41
Pour le 2e groupe..	—1°,56	6°,05	17°,74	9°,46	7°,92
Différ. de tempér. moy. cent.....	—2°,10	—0°,35	+ 0°,50	0°,00	—0°,49

L'augmentation des vents orientaux accroît le froid des hivers et la chaleur des étés de l'Europe. En général les vents dans la zone extratropicale de l'hémisphère du nord ont une tendance à souffler plutôt dans le sens des parallèles que des méridiens, plutôt de l'O. au S. que du N. à l'E. » (*L. c.*, p. 10, 32, 36, 57, 72, 77.)

sulaire de l'Asie (1), qui forme notre Europe, les grandes ruptures des contours et les golfes les plus profonds se trouvent sur les côtes orientales des deux continens, surtout là où les mers voisines offrent le *maximum* de largeur. Telles sont les positions de la Baie d'Hudson, de la Mer des Antilles et de cette longue et étroite Méditerranée, à plusieurs issues, qui du S. S. O. s'étend au N. N. E. depuis l'Archipel de l'Inde jusqu'au Golfe d'Ochotsk, et qui, comme la Méditerranée, entre l'Europe et l'Afrique, a puissamment influé sur l'antique civilisation et la destinée des peuples de l'Asie orientale. Ce n'est point ici le lieu d'examiner combien, dans ce contraste entre les côtes continues et les côtes déchirées, dans la formation de ces terres *articulées*

(1) Voyez plus haut p. 334.

et sinueuses, appartient au mouvement général des eaux d'orient en occident (1), aux irruptions des mers, qui laissent épars, comme groupes d'îlots, les débris d'un continent (*fractas ex æquore terras*), ou à l'action simultanée des forces volcaniques. Ces dernières, par le soulèvement de masses cristallines de différens âges, feldspathiques et pyroxéniques, créent des archipels, les lient par des isthmes, et agrandissent les continens par des promontoires péninsulaires.

---

(1) M. de Fleurieu dans le *Voyage de Marchand autour du Monde*, t. VI, p. 38—42. Sur les similitudes des formes triangulaires, la position relatives des extrémités des continens, les rapports entre les côtes occidentales de l'Afrique (golfe de Guinée), de la Nouvelle-Hollande et de l'Amérique du Sud (golfe d'Arica), voyez ma *Relat. hist.*, t. III, p. 189 et 198.

Dans l'hémisphère boréal, tous les continens offrent, par leur prolongement vers le pôle, une *limite moyenne* qui coïncide assez régulièrement avec le parallèle de de 70°; mais, au nord du Golfe de Georges IV et de la Passe de *Fury et Hecla*, un vaste groupe d'îlots et de terres circompolaires continue, pour ainsi dire, la bande continentale de l'Amérique. C'est cette même bande américaine qui s'étend aussi le plus loin dans l'hémisphère austral ou aquatique, vers le sud, de sorte qu'elle offre, sur 126° de latitude et, en dépassant le détroit de Barrow, vraisemblablement sur plus de 136°, presque dans le sens d'un méridien, une arrête continue de Cordillères auxquelles, vers l'est, se trouvent adossées des plaines et quelques systèmes de montagnes peu élevées. Une telle continuité de terres fermes traversant toutes les zones, depuis celles des palmiers et des fougères en arbre jusqu'à celles où les côtes se couvrent de neige au fond de l'été (1), influe considérablement sur la distribution de la chaleur, la direction des courans aériens, le développement varié des formes végétales et la migration des plantes (2) et

(1) Observations de Churruca au détroit de Magellan. (*Viage*, 1787, p. 300.)

(2) Dicat aliquis in continente nostra, Mare Mediterraneum interfusum et nivosorum montium juga, ab oriente ad occidentem porrecta, obstetisse stirpibus æquinoctialibus totque figuris speciosis in fervidiori zona abundantibus, quo minus septentrionem versus se latius diffunderent. Contra Americæ terra continens adeo uno tenore a meridie arctum versus protenditur ut Liquidambar styraciflua quæ sub parallelo 18—19 graduum declivitatem montium obtegit, Bostonum usque latitudine 43 ½ graduum in loca plana se effundat, Passifloræ,

des animaux des tropiques vers les régions tempérées et froides.

De tous les rapports de *configuration* et de *position climatérique* que présentent les masses continentales des zones tempérées, les plus importans naissent de l'absence ou de la présence de terres tropicales, comprises entre les mêmes méridiens. Sous l'équateur même, ce n'est que sur un sixième de la circonférence du globe que la mer ne couvre

---

Cassia, Cacti, Mimosaceæ, Bignoniæ, Crotones, Cymbidia et Limodora (stirpium figuræ æquinoctiales septentrionalibus immixtæ) in Virginiam excurrunt. *Humb. de distrib. geogr. plantarum*, p. 45—52. La chaleur des étés et la chasse des insectes appellent les colibris aux Etats-Unis et au Canada jusque dans la latitude de Paris et de Berlin. Sous les tropiques, je les ai trouvés à des hauteurs qui égalent celle du Pic de Ténériffe.

pas le noyau solide, et comme par irradiation les molécules rapprochées de la surface s'échauffent très différemment dans les substances opaques et dans les substances diaphanes, cette prédominance des eaux dans la zone équatoriale, et la distribution particulière de terres par différens degrés de longitude sous l'équateur, ou dans son voisinage, influent sur la force des courans aériens ascendans qui, à mesure qu'ils se refroidissent dans leurs cours horizontal, inclinent vers les deux zones tempérées. J'ai déja discuté cette cause calorifique en parlant des modifications bienfaisantes qu'éprouve le climat de l'Europe par la position de l'Afrique, et les contrastes qu'offrent, par rapport à cette action des régions équatoriales, continentales ou pélagiques, l'Europe et l'Asie. En général, lorsqu'on exprime par le chiffre 1000 l'étendue des terres renfermées entre les deux tropiques dans toute la circonférence du globe, on ne trouve (1) que 461 parties appartenant à l'Afrique, 301 à l'Amérique, 124 à la Nouvelle-Hollande et à l'Archipel des Indes, et 114 à l'Asie. L'Ancien Continent, comparé au Nouveau, offre par conséquent, pour l'étendue des terres intertropicales, la proportion de 5,7 à 3; et ce qui, par rapport à la théorie des vents, est bien plus important encore, l'agroupement de ces *terres équatoriales* est si inégal, qu'une masse de 762 parties (d'Afrique et d'Amérique), c'est-à-dire presque $\frac{4}{5}$ de toutes celles qui

---

(1) Voyez la comparaison du nombre des espèces vénéneuses de serpens avec les surfaces continentales sous les zones torride et tempérée, dans mon *Recueil de Zoologie et d'Anatomie comparée*, tom. II, pag. 3.

ont été soulevées au-dessus du niveau des mers équatoriales dans le globe entier, sont concentrées dans une bande étroite de 132° $\frac{3}{4}$ de longitude entre les méridiens des Caps Gardafui et Pariña. Il ne reste donc épars que $\frac{1}{5}$ depuis les côtes orientales d'Afrique jusqu'aux côtes occidentales de l'Amérique, sur 227° $\frac{1}{4}$ de longitude ou sur $\frac{3}{5}$ de la circonférence terrestre. Tous les vents orientaux (du N. par E. au S.) viennent en Europe et dans l'Asie boréale sous l'influence de cette bande si large et si dépourvue de terres équatoriales, tandis que les vents occidentaux (du S. par O. au N.) reçoivent l'influence calorifique de la bande équatoriale, qui offre le plus de terres aglomérées. Pour préciser les véritables causes physiques de ce genre d'influence qu'exerce l'agroupement des surfaces continentales ou pélagiques dans la zone torride, je vais rappeler ici (sans anticiper sur ce qui appartient plus particulièrement à la considération du bassin des mers) les faits suivans :

En m'arrêtant, dans la région tropicale, à la température moyenne de l'année entière, l'air reposant sur les continens me paraît, d'après l'examen de plusieurs milliers d'observations, de 2°,2 cent. plus chaud (1) que l'air qui, loin des côtes, couvre la mer. J'évalue la température de l'air continental à 27°,7; celle de l'air océanique à 25°,5; mais la distribution de cette chaleur moyenne totale des deux atmosphères, continentale et océanique, entre les diverses époques du jour et de l'année, comme entre les diverses localités plus ou moins favorables à l'irradiation solaire et

(1) *Relat. hist.*, t. I, p. 225.

à l'émission du calorique, offrent des différences bien plus considérables que celles que nous venons d'indiquer. Or, ce sont ces rapports partiels de temps et de lieu qui modifient la force du courant d'air chaud qui s'élève entre les tropiques pour atteindre plus ou moins de hauteur, pour le déverser, en descendant, plus ou moins loin, et, en masses inégales, sur les zones tempérées (1). Par de larges bandes de la zone équinoxiale, la surface des mers, à cause des courans qui amènent de l'eau

(1) Pour bien concevoir ces effets du courant ascendant s'élevant au-dessus des terres tropicales, il faut se rappeler qu'ils auraient encore lieu et seraient bienfaisans dans de certaines saisons, lors même que les températures moyennes *annuelles* de l'air océanique et de l'air continental seraient les mêmes.

froide de latitudes plus élevées, abaisse la température, dans l'Océan Atlantique, à l'ouest et au sud-ouest des côtes de Guinée (1), jusqu'à 20°,6 et 22°; le long des côtes péruviennes (près du Callao) jusqu'à 15°,4 et 19°, et cet abaissement influe puissamment sur la température de l'air qui repose sur ces parages. L'Océan équinoxial atteint très rarement le *maximum* de 28° : on ne l'a pas vu jusqu'ici au-dessus (2) de 30°,6. L'atmosphère, dans le bas-

---

(1) Voyez les observations du capitaine Sabine comparées à celles de M. Duperrey dans ma *Relat. hist.*, t. III, p. 527. Le capitaine Beechey a aussi trouvé en août lat. 12° ½ S. et long. 28° 20′ O., la mer à sa surface 21°,8, quand par le même parallèle d'autres mers, hors des courans, donnent 27°,3 ou 27°,8.

(2) *Relat. hist.*, t. I, p. 234, 237; t. III, p. 498.

sin des mers équatoriales, ne s'élève, d'après de bonnes observations faites à l'abri du rayonnement du vaisseau, que rarement à 29°, peut-être jamais (1) à 32°. Le capitaine Beechey qui, pendant les années 1825—1828, a réuni une si grande masse

---

Arago, dans *Annuaire du Bur. des Long. pour* 1825, p. 183.

(1) Dans la navigation de Guayaquil à Panama par lat. 4° et 8° (long. 81° et 84°), aux mois d'avril et de mai, on est exposé à de grandes chaleurs par des temps nuageux et des vents de S. S. O. M. Dirckinck de Holmfeldt, officier danois très instruit qui, muni de thermomètres comparés à ceux de l'Observatoire de Paris, a fait, à ma prière, un grand nombre d'observations sur la température de l'eau et de l'air dans la Mer du Sud, a trouvé par les 4° et 5° N. l'air à 30°,7 et 30°,9; par conséquent un peu plus chaud encore que le capitaine d'Entrecasteaux près des îles Moluques. (Arago, p. 181). Ce sont des *maxima accidentels.*

d'observations météorologiques dans la zone torride, n'a trouvé (à l'exception de quatre jours (1) où le thermomètre avait atteint 30°,3 et 31°,6) jamais l'atmosphère dans la Mer du Sud au-dessus de 28°,8. Ces degrés de chaleur si peu élevés contrastent singulièrement avec ceux qu'offre

---

(1) Ces quatre observations si remarquables dans l'histoire des variations thermométriques de l'*air océanique*, n'offrent cependant qu'une température (au-dessous de 25° ½ Réaum.) qui est assez commune dans la zone torride (plaines de Venezuela, Guayaquil, Acapulco, Surinam, Madras, Pondichéri, Manille), et surtout sur les limites de cette zone et de la zone tempérée. Elles ont été faites (*Beechey*, *Voyage* t. II, p. 702, 707, 711):

En mai, lat. 20° N.	long. 244° O.	entre les Marianes et Macao,	89°	Fahr.
En mai, — 22° N.	— 236° O.	.... *id.*	86° 1/2	—
En mai, — 7° S.	— 152° O.	entre Otahiti et Owihee.....	89°	—
En mars, — 12° N.	— 101° O.	dans le méridien d'Acapulco.	89°	—

l'*air continental.* La surface du sol s'échauffe par irradiation, pendant le jour, très communément entre les tropiques, jusqu'à 52°,5. Près des cataractes de l'Orénoque, j'ai trouvé le sable granitique *blanc*, à gros grains, couvert d'une belle végétation de graminées, à 60°,3 de température (1), l'air étant (à l'ombre) de 29°,6.

---

(1) *Relat. hist.*, t. I, p. 628, t. II, p. 201, 222, 303, 376. M. Pouillet rapporte avoir vu aussi dans un petit jardin à Paris qui recevait le reflet des murs voisins, le sol a 65° (*Elémens de Physique*, t. II, p. 647); mais cet habile physicien n'indique ni la couleur du sol, ni la température de l'air. Il ne faut pas oublier que le soleil est à Paris, du 1er mai au 12 août, aussi haut qu'il l'est sous les tropiques par lat. 10° 27′ (par exemple à Cumana), à une autre époque de l'année. M. Arago, dont les recherches sur la température des couches du sol à différentes profondeurs, répandront tant de jour sur

L'atmosphère continentale acquiert, dans la zone équatoriale et près de ses limites (des 23° aux 29° de latitude), pendant des mois entiers, 29° à 34° de *température moyenne*. Si, dans cette même zone, on se borne à considérer le mouvement de la chaleur de l'air pendant le jour, on la trouve communément, dans l'air océanique, de 23° à 27°; dans l'air continental, de 26°,5 à 35°. Les *maxima* de l'air continental oscillent, d'après des observations très dignes de foi, à Pondichéri, à Madras, à Benarès, dans la

---

le mouvement périodique de la chaleur, a fait un grand nombre d'observations précises sur l'irradiation du sable pendant nos grandes chaleurs d'été. Il l'a trouvé le plus souvent de 48° à 50°, mais une fois de 53°, le thermomètre à l'ombre étant 33°. Sur la perte d'eau que les rivières éprouvent sous les tropiques, par l'échauffement et l'imbibition des plages sablonneuses, voyez ma *Relat. hist.*, t. II, p. 222.

Haute-Egypte et au Dongola, entre 40° et 46°,8 (32° et 37°,5 Réaumur). La comparaison de ces *élémens numériques*, dont des observations très récentes confirment la précision, me dispense de développer ici les différences qui affectent l'effet total, celles de la force et de la vitesse du courant ascendant au-dessus des parties océaniques et des parties continentales de la zone torride.

Le prolongement des terres vers les pôles n'est pas moins important sous le rapport de la distribution de la température, que le prolongement des terres vers l'équateur. J'ai déja exposé plus haut (1) en comparant la configuration de l'Europe et de l'Asie, de quelle influence est la posi-

(1) Dans le *Mémoire sur le climat du N. O. de l'Asie.*

tion d'une mer qui reste libre de glaces lorsqu'elle est interposée entre le pôle et la limite boréale d'un continent. Au nord du détroit de Behring la ceinture de glace polaire est limitée (1) en été par une ligne sinueuse dirigée du S. O. au N. E. ; elle se maintient selon la température de l'année, tantôt dans le parallèle du Cap Smyth, tantôt dans celui du Cap Collie (lat. $70\frac{1}{2} - 71^\circ\frac{1}{4}$), passant du continent de l'Amérique à celui de l'Asie. Aussi le froid de ces contrées est-il si intense que même dans les mois de juillet et d'août (1827), l'expédition du *Blossom* y a trouvé, par des vents du N. et N. O. (malgré l'influence d'un courant (2) du

---

(1) *Beechey*, t. I, p. 537 et 551, t. II, p. 579.

(2) Ce courant du S. est surtout très sensible entre le Golfe de Kotzebue et le Cap Hope, où, à cause de la direction de la côte, il porte au N. O.

S. O. qui amène des eaux de 5°,4 à 6°,6 centésimaux), la température moyenne de l'atmosphère à peine de 4° ½. Les variations étaient de 0° à 8°. Sur le même parallèle en Laponie, au Cap Nord de l'île Mageroe, qui cependant est aussi enveloppé en été de ces brumes perpétuelles qui entravent l'action du soleil, la chaleur moyenne de juillet est encore 8°. Plus loin des côtes, à Alten (lat. 71°), M. Léopold de Buch (1) l'a trouvée de 17°,5.

Dans l'hémisphère austral les extrémités pyramidales des continens qui se prolongent inégalement vers le pôle sud, offrent le *climat des îles*. Des étés d'une température très basse sont suivis, au moins jusqu'aux 48° et 50° de latitude, d'hivers

---

(1) *Voyage en Norwège*, t. II, p. 416.

peu rigoureux, d'où il résulte que les formes végétales de la zone torride, les fougères en arbres et de belles orchidées parasites, peuvent avancer au sud jusque vers les 38° et 42° de latitude. Les aires de la surface des terres dans les deux hémisphères séparés par l'équateur, offrent le rapport de 3 à 1 ; mais cette différence porte beaucoup plus sur les terres appartenant aux zones tempérées que sur celles situées dans la zone torride. Les premières sont dans les hémisphères boréal et austral, comme 13 à 1, les dernières comme 5 à 4. Une telle inégalité de distribution des masses continentales exerce une influence sensible sur la force du courant ascendant qui s'incline vers le pôle sud, et sur la température de l'hémisphère austral en général. Il est probable que le manque de terres fermes produirait un effet beaucoup plus considérable encore, si la répartition des continens était aussi inégale des deux côtés de l'équateur, dans les zones tropicales, qu'elle l'est dans les zones tempérées.

Une dernière considération, celle de la configuration et la position relative des masses continentales, se rattache à l'état de la civilisation des peuples. Le plus grand développement de cette civilisation, que nous appelons européenne ou occidentale, parce que dans son mouvement vers l'ouest, elle nous a été transmise par les Grecs, existe aujourd'hui sur deux côtes opposées baignées par les eaux de l'Océan Atlantique. C'est à cause de la prédominance des vents occidentaux que hors des tropiques, à égales latitudes, les côtes orientales sont plus froides que les côtes occidentales. L'observation de ce fait ne pouvait échapper à des peuples qui étaient également intéressés à examiner le climat de leur sol natal, et que l'état de leur civilisation engageait à entretenir de fréquentes communications. Elle devint fondamentale pour la *théorie des lignes isothermes*. Les côtes orientales et occidentales d'un même continent, ou les côtes opposées de l'Asie et de l'Amérique, baignées par la Mer du Sud, n'auraient pas offert les mêmes facilités à l'observation du fait que nous signalons. La distance des lieux, l'inégalité de civilisation et des causes perturbatrices qui compliquent un phénomène physique très simple, auraient empêché de reconnaître pendant long-temps le contraste des climats sur des côtes diversement orientées.

Le décroissement des températures moyennes de l'équateur au pôle, dépendant de l'action du soleil, modifiée par la configuration et les rapports de position des masses continentales, est le plus rapide dans les deux mondes entre les parallèles de 40° et 45°. L'observation (1) offre sur ce point de Climatologie un résultat entièrement conforme à la théorie; car la variation du carré du cosinus qui exprime la loi de la température, est la plus grande possible vers les 45° de latitude. Dans le système des climats de l'Europe occidentale, la température moyenne annuelle qui correspond à cette latitude, est de 13° et 13°,5, et le mois le plus froid y atteint encore 3° à 4° de chaleur moyenne. C'est la belle et fertile zone qui traverse le midi de la France (entre Valence et Avignon), et l'Italie (entre Lucques et Milan), c'est la zone dans laquelle la région des vignes

---

(1) *Mém. de la Soc. d'Arcueil*, t. III, p. 503.

touche à celle des oliviers et des citronniers. Nulle part ailleurs, en avancant du nord au sud, on ne voit accroître plus sensiblement les températures; nulle part aussi les productions végétales et les objets variés de l'agriculture ne se succèdent avec plus de rapidité. Or, une grande différence dans les productions des pays limitrophes, vivifie le commerce et augmente l'industrie des peuples agricoles. Plus à l'est au-delà de l'Adriatique et de la Bosnie, dans l'intérieur de l'Asie, comme dans l'Amérique boréale, partout où les lignes isothermes prennent des sommets concaves à cause de la forme, de l'orientation et du relief des continens, le parallèle de 45° ne présente plus les mêmes avantages. Dans le Nouveau-Monde la température moyenne de l'année atteint sur ce parallèle à peine 8°,2; celle du mois le plus froid descend même jusqu'à

5°. Le climat des vignes n'y commence que par une latitude de 6° ou 7° plus méridionale.

Dans toutes les considérations qui précèdent, nous n'avons envisagé les continens que sous le rapport de l'étendue, de la forme des contours et du prolongement par différens degrés de latitude, en faisant abstraction de l'*état de la surface* du sol. C'est cependant cet état d'agrégation, de composition chimique et de couleur, de perméabilité, de capacité pour la chaleur, et de propriété conductrice, de nudité et de fertilité végétale, d'humidité et de sécheresse habituelle, qui détermine les pouvoirs absorbans et émissifs. Quelles différences d'effets entre les déserts rocheux ou sablonneux, les savanes couvertes de gazon, les steps ou plaines *herbageuses* (pour me servir d'une expression de Volney), offrant des dicotylédonées non frutescentes de 6 à 7 pieds de hauteur, les forêts, les marécages et les pays d'ancienne culture! Les déserts proprement dits de sable et de roche nue (1), sont un phénomène géologique d'une origine (2) encore peu approfondie : ils appartiennent presque exclusivement à la partie chaude et tempérée de l'Ancien Continent, comme les savanes, caractérisent l'Amérique et comme deux formes de *steps*, l'une à petites plantes salines, l'autre à grandes herbes de la famille des Composées et des Légumineuses, caractérisent la Russie méridionale, la Sibérie et le Tur-

(1) M. Ehrenberg a prouvé récemment que, dans une grande partie des déserts de l'Afrique, les surfaces rocheuses prédominent sur les sables.

(2) Voyez mes *Tableaux de la Nat.*, t. I, p. 25.

kestan. Depuis l'extrémité occidentale du Sahara jusqu'à l'extrémité orientale du Gobi, sur une étendue de 132° en longitude, on trouve une large ceinture presque continue de déserts à travers le centre de l'Afrique, l'Arabie, la Perse, le Candahar, le Thianchan Nanlou et le pays des Mogols. Plus de $\frac{2}{3}$ de cette surface du sol, nue et aride, est située à l'ouest de l'Indus et dans la zone la plus rapprochée du tropique. En se rappelant que l'irradiation élève, de jour sous cette latitude, les sables à plus de 50° ou 60°, on peut concevoir de quelle influence la continuité d'un tel état de la surface doit être pour la distribution de la chaleur d'une vaste partie du globe. Le seul Sahara d'Afrique, (en y comprenant les Oasis éparses, mais non le Darfour et le Dongola) a une aire de 194,000 lieues carrées de 20 au degré, ce qui est plus que le double de la surface de la Méditerranée (1). Dans les forêts de l'Orénoque, où au milieu de la plus vigoureuse végétation, on découvre d'immenses îlots de roche nue s'élevant à peine de 2 ou 3 pouces au-dessus du reste de la plaine, j'ai trouvé dans les longues nuits des tropiques à 36° la température des strates de granite-gneis, l'air n'étant qu'à 25°,8. Les effets calorifiques de ses strates et leur action sur le courant ascendant, continuaient par conséquent pendant l'absence du soleil. Je voyais les roches nues revenir aux mêmes heures, à peu près à la même température, parce que le milieu environnant qui détermine la perte de la chaleur (2)

---

(1) Je trouve pour la Méditerranée 77,300; pour la Mer Noire 14,000 lieues marines carrées.

(2) Cette perte ne suit cependant pas la loi de

par rayonnement, éprouvait des variations très régulières. Quant aux différences des pouvoirs absorbans et émissifs dépendant de la couleur, de la densité, de la capacité et du poli de la surface, il suffit de rappeler les contrastes qu'offrent les formations blanches de calcaires secondaires ou tertiaires, de grès quarzeux (*quadersandstein*) et de trachytes feldspathiques avec les syénites riches en amphibole, les diorites, les basaltes, les mélaphyres, les calcaires bleues ou noires de transition, les thonschiefer soyeux et les micaschistes d'un éclat métallique; c'est de l'état particulier de la surface que dépend le partage entre

---

Newton (*Scala graduum caloris* dans *Phil. Trans.*, 1701, p. 162), comme MM. Dulong et Petit l'ont prouvé dans leur beau travail sur la loi du refroidissement.

des rayons absorbés et des rayons réfléchis.

Les savanes (plaines couvertes de graminées), appelées *prairies*, entre le Missouri et le Mississipi, même là où elles restent entièrement sèches, s'échauffent par l'irradiation diurne moins que le sable des déserts; les feuilles membraneuses, lancéolées et aiguës de petites monocotyledonées (cyperacées, graminées), leurs chaumes très minces, leurs épillets souvent portés sur des pédicelles ramifiés rayonnent vers les espaces célestes, et ont un pouvoir émissif extraordinairement grand. Wells et Daniell (1) ont vu dans nos latitudes, par des nuits sereines, baisser le thermomètre dans l'herbe de 6°, de 8°, et

(1) *Metereol. Essays*, 1827, p. 230, 232, 278.

même de 9°,4. C'est à cette cause frigorifique et à la condensation de la vapeur qui en est l'effet, que nous devons attribuer dans les immenses *llanos* de l'Amérique équinoxiale, pendant une longue absence des pluies, la conservation de la végétation. Les petites graminées et les arbres des forêts se trouvent dans des circonstances très différentes. Les arbres en refroidissant l'atmosphère par rayonnement autour de leurs cimes, envoient des couches d'air refroidi vers le sol que leur ombrage empêche de rayonner, tandis que les graminées restent pour ainsi dire plongées dans l'atmosphère dont elles ont abaissé la température et précipité l'humidité sous forme de rosée (1). Couchés dans l'herbe par

(1) Voyez l'intéressant Mémoire de M. Daniell sur les *Climats considérés dans leur rapport avec l'Horticulture* (*Met. Essays*, p. 522).

de belles nuits des tropiques, dans les plaines de Venezuela et du Bas-Orénoque, nous avons souvent éprouvé, M. Bonpland et moi, cette fraîcheur humide là où les couches de l'atmosphère plus élevées de 5-6 pieds, avaient encore 26° à 27°. Le phénomène géologique de ces plaines, qui forment horizon et dans lesquelles aucune ondulation n'entrave le rayonnement de la surface verdoyante, appartient presque exclusivement au Nouveau Continent. Près de l'équateur, sous le ciel brumeux du Haut-Orénoque, du Rio Negro, et de l'Amazone elles sont cachées sous d'épaisses forêts, mais au nord et au sud, cette zone de palmiers et de grands arbres dicotyledons est bordée par des *llanos* (1)

---

(1) Les *Llanos du Bas-Orénoque, du Meta et du*

et des *pampas* (1), savanes couvertes de graminées, offrant une surface dix fois plus grande que la France. Pour faire entrevoir quelle influence puissante cet état de surface exerce sur le climat, il suffit de rappeler que cette région des graminées occupe dans l'Amérique du sud 50,000 lieues carrées de plus que la chaîne des Andes, et tous les groupes isolés des montagnes du Brésil et de la Parima. En ajoutant à cette *area* les *prairies* du Missouri et les plaines entre le Lac des Esclaves et l'Océan boréal, parcourues par Hearne, Mackenzie et le courageux Franklin, on se formera une idée précise de la

---

Guaviare ont 29,000 de ces lieues carrées marines, dont la France (y compris la Corse) a 17,100.

(1) *Pampas du Rio de la Plata et de la Patagonie*, de 135,200 lieues carrées.

grandeur de ce phénomène de *savanes*, qui dans les régions les plus boréales ne présentent que des plantes licheneuses ramifiées (physciæ). Sous la zone tempérée, en Angleterre, par exemple, comme M. Daniell observe avec justesse, le rayonnement nocturne dans les prairies et les bruyères, peut abaisser la température pendant dix mois de l'année, jusqu'au point de la congélation. A Paris (1) même, dans une année (1818) d'une température moyenne assez élevée (11°,32), il n'y a eu qu'un seul mois où l'on n'ait pas observé un abaissement au-dessous de 8°, et dans ce seul mois (juillet), les extrêmes (2) ont été 34°,5, et 10°2 ; par conséquent l'herbe dans une nuit claire a pu se refroidir jusqu'à + 0°,8.

---

(1) La moyenne de 21 ans est pour Paris 10°,81.

(2) Arago dans *Ann. de Chimie*, t. IX, p. 426.

Les forêts agissent comme causes frigorifiques de trois manières très différentes, soit en abritant le sol contre l'irradiation solaire, soit en faisant naître, par l'action vitale et la transpiration cutanée des feuilles, une forte évaporation de liquides aqueux, soit en multipliant, par l'expansion laminaire de ces mêmes organes appendiculaires, les surfaces qui sont susceptibles de se refroidir par le rayonnement. Ces triples effets *superposés* (fraîcheur de l'ombrage, évaporation et rayonnement), sont d'une telle importance, que la connaissance de l'étendue des forêts comparée à la surface nue ou couverte d'herbes et de graminées, est un des élémens numériques les plus intéressans de la Climatologie d'un pays. La rareté ou l'absence des forêts augmente à la fois la température et la sécheresse de l'air, et cette sécheresse, en diminuant l'étendue des nappes d'eau évaporantes et la force de la végétation du gazon, réagit sur la chaleur du climat local. La bande de terres en grande partie nues (1) et arides qui entourent les bassins de la Méditerranée, de la Caspienne et du lac Aral, offre le type de ces phénomènes dont en Italie l'industrie des peuples agricoles sait diminuer l'influence nuisible par des irrigations artificielles. En ne considérant que l'abri ou l'ombrage des arbres, l'effet frigorifique de cet ombrage sous la zone tempérée, est le plus grand au printemps et au commencement de l'été, où les

(1) Sur les effets remarquables des déboisemens sous les tropiques, par exemple dans le système des eaux des Vallées d'Aragua et du plateau Mexicain, voyez ma *Relat. histor.*, t. II, p. 269—77 et mon *Essai pol. sur la Nouvelle-Espagne* (2e édit.), t. II, p. 44, 426.

neiges restent accumulées dans les forêts, même là où la température moyenne des mois, comme dans le nord de la Russie et en Allemagne, s'élève à 13° ou 14°. Lorsque le sol des forêts est marécageux, ce qui est très commun en Europe et dans l'Amérique septentrionale, l'abri des arbres, par l'absence de l'irradiation solaire, devient encore plus dangereux pour le climat, parce que les marais, à demi couverts d'Éricacées et de Rosages, gèlent jusqu'au fond et forment de petits glaciers qui résistent long-temps à la chaleur obscure.

Les fonctions vitales des feuilles se réduisent principalement à la transpiration aqueuse (à l'évaporation des liquides) et à la respiration aérienne, les stomates de l'épiderme offrant (d'après les recherches de

MM. Adolphe Brongniart (1) et Dutrochet) une voie de libre communication entre l'atmosphère, le système des cavités aériennes et les utricules du parenchyme. Je n'insisterai point ici sur les effets frigorifiques et calorifiques de la respiration gazeuse, si différente dans l'obscurité et sous l'influence mystérieuse de la lumière solaire, selon que les feuilles absorbent de nuit l'oxygène de l'air et dégagent de l'acide carbonique, ou que, de jour, elles décomposent ce dernier, s'approprient le carbone et exhalent du gaz oxygène. Pendant cette respiration aérienne, dans ces *changemens d'état*, accompagnés de changemens chimiques (de substitutions de bases), des quantités de calorique deviennent sans doute la-

---

(1) Adolphe Brongniart dans les *Annales des Sciences nat.*, déc. 1830, p. 446, 450.

tentes ou libres : mais quoique l'absorption nocturne du gaz oxygène s'élève, d'après les belles expériences de M. Théodore de Saussure, à sept fois le volume des feuilles annuelles ou *tombantes*(1), il n'en est pas moins probable que ces pertes et additions de carbone dans l'acte de la respiration aérienne des forêts, influent d'une manière très peu sensible sur la température de l'océan aérien. Il n'en est pas de même de la transpiration aqueuse qui produit ce que dans toutes les langues et surtout entre les tropiques, on désigne si bien par le mot de *fraîcheur humide*. Des torrens de vapeurs s'élèvent au-dessus d'un pays équinoxial couvert de forêts, et en se rappelant que Hales a trouvé que les feuilles d'un seul pied de Hélianthus,

(1) De Candolle, *Organographie*, tom. I, pag. 358, 360.

de 3 pieds et demi de hauteur, avaient près de 40 pieds carrés de surface, on peut concevoir quelle doit être la force de l'évaporation au-dessus de la région des forêts de l'Amazone et du Haut-Orénoque, qui n'est interrompue que par le cours du fleuve et qui offre une aire de 260,000 lieues carrées marines. Le ciel constamment brumeux de ces contrées et de la province de Las Esmeraldas, à l'ouest du volcan de Pichincha, l'abaissement de la température dans les missions du Rio Negro (1), les traînées de vapeurs (2) qu'on aperçoit en plein jour dans les forêts vierges entre la cime des arbres, sont les effets simultanés de cette transpiration (exhalation) aqueuse des feuilles et de leur rayonnement vers les espaces

---

(1) *Relat. hist.*, t. II, pag. 463.

(2) L. c., t. I, p. 436.

célestes. Quant au froid produit par ce dernier, le mode d'action de tout le système appendiculaire d'un grand arbre, peut, je crois, être conçu de la manière suivante :

Les feuilles loin d'être toutes dans une position horizontale et parallèle entre elles, offrent diverses inclinaisons avec l'horizon; mais, d'après la loi de Leslie (1), l'influence de ces inclinaisons sur la quantité de chaleur émise par rayonnement ou ce qui est identique, le pouvoir rayonnant d'une surface évaluée dans une certaine direction, est égal à celui qu'aurait sa projection sur une surface perpendiculaire à cette même direc-

(1) M. Fourier a prouvé la généralité de cette loi par la voie de l'analyse. (*Nouv. Mém. de l'Institut*, art. 90, 96.)

tion. Or, dans l'état initial du refroidissement par émission de toutes les feuilles qui forment la cime d'un arbre et qui se couvrent en partie les unes les autres, celles ou les parties de celles qui d'une de leurs surfaces rayonnent librement vers le ciel, diminuent les premières de température, et cette diminution (cet épuisement de chaleur), est d'autant plus considérable que leurs lames sont plus minces. La seconde couche des feuilles opposée par sa surface supérieure à la surface inférieure de la première couche, donnera, en rayonnant contre celle-ci, plus qu'elle n'en recoit, et le résultat de cet échange inégal de rayonnement sera encore un refroidissement : cette action se propagera de couche en couche, jusqu'à ce que les feuilles de l'arbre entier différemment influencées par leur situation respective, passent à un état d'équilibre stable, dont la loi peut être déterminée par l'analyse mathématique. C'est ainsi que l'air qui pénètre entre les interstices des feuilles et entoure la forêt, se refroidit pendant des nuits claires et qu'à cause de la multiplicité de ses organes appendiculaires, en formes de lames très minces, un arbre dont la section horizontale du sommet n'a pas 400 pieds carrés, agit sur l'abaissement de la température de l'atmosphère par une surface plusieurs milliers de fois plus grande que 400 pieds carrés d'un sol nu ou couvert de gazon. Dans le sol, l'abaissement est masqué par la chaleur qui afflue de couche en couche de l'intérieur de la terre. Le mouvement de l'air qui augmente l'évaporation, et, d'après les ingénieuses expériences de M. Knight, l'ascension de la sève, est contraire aux effets frigorifiques de rayonnement. Cet effet est d'autant plus actif pendant les longues nuits de la zone équinoxiale que, loin des côtes, la diaphanité et le calme nocturne de l'atmosphère y sont plus grands.

Après les trois modes d'action (l'abri contre l'irradiation solaire, l'évaporation et le rayonnement), variables dans la zone tempérée, selon que les *plantes sociales* (1),

---

(1) Agri natura et circumfusi aeris calor, pro diversitate cœli, modo temperatus, modo incitatus, non solum distributionem ordinum (*familiarum*) moderatur, sed in eo quoque vim suam exercet, ut stirpes modo catervatim, modo sigillatim gignuntur. Vivunt enim, ut animalia sive *sparsæ*, *sive sociatæ*; et si Ericæ vulgaris plantulam in quolibet agro solam animadvertas extra naturæ suæ legem errantem putes, eodem jure, ac formicam singulam per sylvas vagantem. (*Humboldt, de distrib. plant.*, pag. 50.)

réunies en forêts, sont de la famille des Amentacées (chênes, hêtres, bouleaux) ou de la famille des Conifères, je devrais faire encore mention d'un quatrième mode d'action, de signe contraire, de l'obstacle que l'ombrage oppose au refroidissement du sol par rayonnement; mais cette influence calorifique devient insensible au milieu de tant de causes frigorifiques *superposées*. Par une nuit obscure, je n'ai pas trouvé l'intérieur des forêts du Cassiquiare et de l'Atabapo plus chaud qu'une savane. Le sol de la forêt, rayonnant contre un feuillage épais, en reçoit sans doute l'influence; mais, abrité par le même toit végétal, pendant le jour, contre les rayons du soleil, sa température, à l'entrée de la nuit, s'est déja trouvée moins élevée par irradiation.

Nous venons de considérer la surface

du sol, selon qu'elle est nue (rocheuse), couverte de gazon ou abritée par des forêts. Il reste à rappeler les effets que produisent soit les eaux stagnantes des marais et des lacs, soit celles qui circulent dans le lit des grandes rivières sujettes à des inondations périodiques. Sous la zone extratropicale, ces eaux tempèrent les ardeurs de l'été, parce qu'elles ne s'échauffent pas au même degré que les surfaces opaques, et parce que dans leur évaporation, elles absorbent du calorique. Une grande profondeur des eaux diminue le froid de l'hiver aussi long-temps que la glace ne se forme pas. Nous observons que, dans les latitudes où la température moyenne de l'hiver est au-dessus de 3° ½, les rivières ne gèlent que lorsque le thermomètre, exposé à l'air, est descendu, pendant quelques jours, à — 8° ou — 10°.

Au contraire, au-delà des parallèles de 58° et 60°, le dégel tardif des rivières, des lacs et des marais augmente le froid du printemps.

Sous les tropiques, la température si peu variable de l'atmosphère, calme et agitée, égalise la chaleur des élémens de l'eau et de l'air. Entre les 4° et 8° de latitude, j'ai trouvé les eaux de l'Orénoque (1) constamment de 27°,5 à 29°,5, par conséquent peu différentes de la température moyenne de l'air. L'absence presque totale

---

(1) Voyez, pour les observations partielles, *Rel. hist.*, t. II, p. 233, 377, 389, 607; sur les températures beaucoup plus basses des eaux du Rio Negro et du Rio Congo, t. II, p. 252 et 463. Dans les inondations de la Rivière de Guayaquil, j'ai vu monter le thermomètre à 33°,5 (t. II, p. 389).

du vent au milieu des forêts y rend les effets frigorifiques de l'évaporation presque insensibles.

Telles sont les causes de la variation de température qu'offre l'état du sol dans les plaines. Les *montagnes* peuvent être considérées, soit dans leur influence sur le climat des plaines voisines, soit dans celle qu'elles exercent, par leur élévation au-dessus du niveau des mers, sur leur propre surface. La première de ces actions se manifeste par la réverbération de la chaleur au pied d'un mur de rochers escarpés (1), par l'abri que donnent les chaînes de montagnes contre certains vents prédominans, et par le froid que répandent les courans

(1) Positions des villes de St-Croix de Ténériffe, de la Guayra et de l'Acapulco.

descendans refoulés le long de la pente rapide d'un pic, dont le sommet est très élevé. Sous les tropiques comme dans les fortes chaleurs de l'été de la zone tempérée, lorsque la température des basses régions de l'atmosphère s'élève à 27° ou 28°, des couches d'air qui n'ont que 10° de température se trouvent déja suspendues à 1500 ou 1600 toises de hauteur au-dessus des plaines. Des vents obliques peuvent par conséquent devenir une des causes frigorifiques les plus puissantes et les plus générales ; mais pour que cette cause agisse, il faut des circonstances particulières de conflit de courans opposés, de changement de densité, de rétablissement d'équilibre. L'expérience nous prouve que la configuration du sol, le relief des montagnes, c'est-à-dire la présence d'un *rescif* ou *haut-fond* dans l'*océan aérien*, favorise la fréquence des courans descendans, le mélange des couches supérieures et inférieures, tant par la résistance que les pentes opposent au mouvement de l'air, que par les variations de température qu'une masse solide et opaque, pénétrant dans les hautes régions de l'atmosphère, produit localement par les effets de l'absorption des rayons solaires et de l'émission nocturne de la chaleur obscure. Le froid que l'on éprouve à de certaines heures, au déclin du jour, au pied d'un pic isolé, les oscillations des couches de nuages et de certains résultats erronés de mesures barométriques sont les effets de ces courans descendans, que semblent accroître (1) la forme et la continuité des pentes couvertes d'un gazon très court et

(1) Voyez sur l'air qui descend du sommet arrondi de la silla de Caracas. *L. c.*, t. I, p. 580-586, 597.

uni. Une large ceinture de forêts tropicales, une pente interrompue par des plateaux, qui élèvent la température et ralentissent le décroissement du calorique, rendent, au contraire, peu sensibles les effets que nous venons de désigner. Dans la province de Quito, au Pérou et au Mexique, j'ai vu les plaines qui se prolongent jusqu'au pied des Cordillères, couvertes de neiges éternelles, offrir, dans toute leur largeur, la même chaleur du climat tropical. La grande hauteur de la limite des neiges sous la zone équinoxiale contribue à diminuer l'influence des *Nevados* sur les basses régions, tandis que dans la zone tempérée, des cimes très peu élevées, mais qui restent couvertes, jusqu'au commencement de l'été, de neiges tombées pendant l'hiver, refroidissent puissamment les plaines par des vents obliques ou courans descendans.

Ces effets des neiges sporadiques, restreints il est vrai à une partie de l'année seulement, commencent déja à se faire sentir au Mexique par les 19° de latitude, où elles se montrent très communément, et avec une certaine durée, jusqu'au-dessous de 1500 toises de hauteur.

Il résulte de l'ensemble de ces considérations, que l'agroupement des montagnes, en divisant les pays en bassins, en vastes cirques, comme en Grèce et dans l'Asie mineure, *individualise* et diversifie le *climat des plaines* sous les rapports de la chaleur, de l'humidité, de la diaphanité de l'air, de la fréquence des vents et des orages; circonstances qui influent sur la variété des productions et des cultures, sur les mœurs, les formes des institutions et les haines nationales. Ce caractère d'individualité géographique atteint, pour ainsi-dire, son *maximum* là où les différences de configuration du sol dans le plan vertical et le plan horizontal, dans le relief et la sinuosité des contours (l'*articulation* de la surface plane), sont simultanément les plus grandes possibles.

Il nous reste à terminer l'examen du *sol* ou des masses continentales par la considération des modifications que la température éprouve par les seuls rapports de hauteur. C'est la considération de l'influence des montagnes et des plateaux sur leurs propres surfaces, comme effet du décroissement de la chaleur. J'ai traité cette matière d'une manière très étendue dans d'autres ouvrages (1), de sorte que je me bor-

---

(1) Voyez mon *Recueil d'Observations astro-*

nerai dans ce Mémoire à des considérations générales et à quelques observations

---

nomiques, tom. I, pag. 129; *Mémoires d'Arcueil*, t. III, p. 592; *Relat. hist.*, t. I, p. 119, 141-143, 227. Sur le décroissement à différentes heures (dans l'hiver et dans l'été de chaque jour), voyez les observations faites par MM. Horner et Eschmann au Rigi, à la petite hauteur de 920 toises, mais presque d'heure en heure pendant vingt-six jours, en janvier et en juin (*Bibl. univers.*, 1831, avril, pag. 449). Ces savans ont obtenu pour 1° cent. à 7 heures du matin, 129 toises de décroissement; pour 5 heures après midi 95 toises. Les heures du jour représentent ici de nouveau les saisons de l'année; car Saussure trouvait aussi 36 toises de plus en hiver qu'en été. Pour la zone tempérée, Saussure s'arrête, relativement au décroissement moyen du calorique, dans l'année entière, à 99 t.; Raymond, à 84 toises; d'Aubuisson, à 88 toises. Mes observations sous les tropiques ont donné sur la pente des Cordillères 99 toises, mais en com-

très récentes sur les limites des neiges perpétuelles.

Le relief ou la forme polyédrique de la surface du globe (en ne considérant ici que les rapports de configuration, non ceux de couleur, de nudité, de végétation, etc.) agit sur le climat par l'élévation plus ou moins grande au-dessus d'un plan normal (le niveau de l'Océan), par l'inclinaison des pentes et leurs différentes expositions aux rayons solaires, par l'ombre

---

parant seulement des plateaux 122 toises. Si la loi du décroissement était la même dans toutes les couches, et si celle où se trouve la limite des neiges avait, sous toutes les latitudes, la température zéro, la hauteur des neiges donnerait d'une manière très simple, par un multiple, la température moyenne des plaines.

qu'elles se portent les unes aux autres en différentes heures du jour et en différentes saisons de l'année, par l'inégalité du rayonnement nocturne, selon les expositions du sol plus ou moins libres à la voûte aérienne d'un ciel dépourvu de brume et de nuages. Les montagnes, par l'irradiation qu'éprouvent des masses opaques d'une vaste surface en s'élançant dans l'atmosphère, échauffent les couches d'air qui les avoisinent; on observe qu'elles y causent des courans souvent interrompus par les effets frigorifiques des grandes ombres des nuages. Les plateaux agissent par l'égalité de leur surface, par leur étendue et leur juxta-position en gradins. Des observations directes m'ont appris que, sous les tropiques, dans la Cordillère des Andes, des plateaux de 25 lieues marines carrées élèvent la température moyenne de l'air de 1°,5 à 2°,3 au-dessus de celle que l'on trouve à égale hauteur sur la pente rapide des montagnes. Si le niveau des mers s'abaissait considérablement par une révolution extraordinaire du globe, les plaines actuelles et les plateaux diminueraient de température.

Lors même que les hommes, en gravissant les montagnes, n'eussent pas éprouvé le décroissement du calorique, les neiges dont se couvrent ces mêmes montagnes, lorsqu'il ne tombe que de la pluie dans les plaines, leur aurait révélé le froid des hautes régions de l'air, comme la hauteur décroissante de la limite inférieure des neiges perpétuelles leur aurait pu apprendre que les *surfaces isothermes*, voisines de celle de zéro, s'abaissent en général, à mesure qu'on approche du cercle polaire. Ce sont moins les erreurs d'observations du P. Feuillée, faites à la cime du Pic de Ténériffe, que des rêveries physico-mathématiques qui ont pu conduire un des plus grands géomètres du dernier siècle, Daniel Bernoulli, à attribuer, dans son *Traité d'Hydrodynamique* (éd. 1738, p. 218), le froid des hautes montagnes à quelque influence secrète du sol, et à prononcer : *non absurdum esse, si dicamus calorem aëris medium, eo majorem esse, quo magis a superficie maris distat!* En examinant le phénomène des neiges perpétuelles dans une plus grande généralité que ne l'avaient pu faire Bouguer, Saussure et Ramond, on découvre que la limite inférieure des neiges n'est pas la trace d'une de ces lignes isothermes qui, dans les couches superposées de l'Océan aérien, s'inclinent toutes de l'équateur vers les deux pôles ; elle est tantôt supérieure, tantôt inférieure à la couche de l'atmosphère, dont la température moyenne est zéro, de sorte qu'elle oscille de l'équateur (dans le plateau de Quito) au cercle polaire (1) de + 1°,5 à

(1) Voyez mon Mémoire sur la limite des neiges perpétuelles dans les montagnes de l'Himâlaya et les régions équatoriales (*Annales de Chimie*, 1820, t. XIV, p. 1—55). Pour représenter graphiquement la couche de l'atmosphère où la température moyenne est zéro, il suffit d'élever sur un méridien quelconque des ordonnées dont les différentes longueurs correspondent à la hauteur de cette couche. La surface qui passe par les sommets de ces ordonnées est la *surface isotherme de* 0°, et c'est aussi l'intersection de cette surface avec le globe qui marque la trace de la ligne isotherme de 0° dans les plaines. Le *courbe des neiges* n'indique ni le terme de la congélation comme on l'admettait vaguement jadis, et comme on le répète souvent encore, ni une couche d'air d'égale température. La tem-

— 6°,8. On doit dire en général que la zone des neiges se trouve placée partout à la hauteur des couches aériennes dans lesquelles il tombe de la neige. Or il est connu que, le plus communément, ce phénomène s'observe à la surface du sol, lorsque l'air n'y est que de quelques degrés au-dessus ou au-dessous du point de la congélation. Le premier cas est même le plus fréquent. Il neige très peu ou pas du tout lorsque la

---

pérature moyenne de l'air est à la limite des neiges perpétuelles : au Chimborazo (lat. 1° 28′ S.) + 1°,4 (au plus + 1°,7); à la Sierra Nevada de Grenade (lat. 37° 10′) — 0°,4; au Saint-Gothard (lat. 46° 36′ N.) — 3°,7; dans les Alpes, au sud de Genève (lat. 45° 55′) — 4° ½; en Norwège, sous le cercle polaire, — 6°,8. (Voyez *L. c.*, p. 19, et mon *Recueil d'Observations astronomiques*, t. I, p. 136.)

température de l'air s'abaisse au-dessous de — 20° à 22°. Tel est l'accroissement du degré de sécheresse dans l'intervalle de + 2° à — 20°, que les tensions *maxima* de la vapeur, correspondant à ces températures, sont dans le rapport de 5°,7 à 1°,3.

Des considérations sur la chaleur moyenne annuelle des hautes régions de l'atmosphère ont sans doute beaucoup d'importance, parce qu'elles prouvent combien étaient erronés ces premiers aperçus de la coïncidence de la limite inférieure des neiges perpétuelles avec la ligne isotherme zéro, qui s'étaient présentés à l'esprit d'un physicien (1), justement célèbre d'ailleurs par sa sagacité et l'admirable clarté de ses conceptions; mais en appro-

---

(1) Bouguer, *Figure de la terre*, p. L et XLVI.

fondissant davantage le phénomène du décroissement de la chaleur, variable avec les saisons, on reconnaît que la limite inférieure des neiges n'est pas fonction seule de certaine température des hautes couches de l'atmosphère. Nous ne parlerons pas des petites oscillations de la chaleur que le changement de la déclinaison du soleil et les passages de cet astre par le zénith produisent même dans la zone intertropicale : nous rappellerons plutôt que, sous la zone tempérée, les couches qui ont — 0°,4 ou—7° de température se trouvent à des élévations très différentes en hiver et en été. Supposons à présent, en traversant les couches d'air de bas en haut, qu'une couche de la température moyenne annuelle x, correspondant pendant l'année entière à la hauteur y, soit la couche la plus chaude dans laquelle il puisse se former des flocons de neige:

alors cette température x se trouvera en hiver beaucoup au-dessous de y. C'est donc au-delà de cette limite hivernale $y—n$ que les neiges s'accumuleront de preférence, et toutes les causes calorifiques qui agissent en été, tendront à faire remonter la limite, à la repousser vers y ou même plus haut Ce que l'on entend généralement par l'expression de *limite inférieure* des neiges perpétuelles, appartenant à telle ou telle latitude, est la *limite estivale*, le maximum de hauteur à laquelle on trouve de la neige dans l'année entière. La hauteur de la limite estivale est le résultat d'une lutte de l'été contre le bord inférieur ou la lisière des neiges de l'hiver, lutte qui se renouvelle tous les ans avec un succès à peu près semblable. La quantité de toises dont l'action des causes estivales fait reculer les neiges, ne dépend ni de la température moyenne de l'été seul, ni de celle du mois le plus chaud : elle est déterminée par un grand nombre d'autres circonstances, parmi lesquelles l'épaisseur et la consistance des neiges (la quantité et la cohérence de celles qui sont tombées pendant l'hiver), la forme, la nudité et la proximité des plateaux voisins, leur température normale dans l'année entière, l'escarpement des sommets, la direction et l'obliquité des vents, la position plus ou moins continentale du lieu, la masse des neiges voisines, enfin l'état brumeux ou la sérénité du ciel, modifiant la force de l'irradiation, sont les plus importans (1).

L'appréciation de tant de causes *superposées*, dont dépend un phénomène si complexe, aurait dû faire entrevoir depuis long-temps que la limite des neiges pouvait

(1) *Ann. de Chimie*, t. XIV, p. 51.

très bien ne pas être la plus élevée sous l'équateur même. En effet, jusqu'au commencement du 19e siècle, cette hauteur n'avait été déterminée sur aucun point du globe, entre 2° et 37° de latitude. Pendant mon séjour au Mexique, en 1803, je la trouvai à 19° de distance de l'équateur, dans l'hémisphère boréal, à peine encore de 110 toises plus basse que dans la partie des Andes de Quito traversée par l'équateur. Dans cette partie des Andes, l'oscillation (1) annuelle de la limite des neiges est de 2445 à 2460 t.; sur le plateau du Mexique, elle s'étend de 1950 à 2350 t. Il faut distinguer entre les trois phénomènes du *maximum* de la hauteur absolue des neiges, de l'oscillation de leur limite et des chutes sporadiques. Sous l'équateur, je n'ai pas vu tomber de la neige au-dessous (2)

(1) *L. c.*, p. 25, 34, 45.

(2) *L.* ., p. 36, 46.

de 1860 t. Au Mexique, par les 19° de latitude, on la voit souvent au-dessous de 1500 t.; par de rares exceptions, même à 1200 et 1000 t. J'avais été également frappé « de l'extrême lenteur (1) avec laquelle paraissaient descendre (d'après les mesures faites par MM. Espinosa et Bauza dans le passage des Cordillères du Chili, entre Mendoza et Valparaiso, sous les 33° de latitude) les neiges dans l'hémisphère austral; » mais, comme il arrive presque toujours dans les recherches de géographie physique, ce n'est que la connaissance de quelques exceptions à ce que l'on avait cru jusqu'alors une loi générale; ce n'est que la détermination de la limite inférieure des neiges à la pente boréale de l'Himâlaya (2605 t.), par

(1) *L. c.*, p. 56.

M. Webb en 1816, et dans le Haut-Pérou (2670 t.), par M. Pentland en 1826, qui ont fait entrevoir l'ensemble des causes variables dont dépend un phénomène d'une nature si complexe. Ces champs cultivés en céréales, à plus de 2300 t. de hauteur sous la zone tempérée, par 31° de latitude, ces différences énormes, indiquées par M. Webb, entre les limites des neiges sur les pentes septentrionale et méridionale de l'Himâlaya, se présentaient au premier abord comme des phénomènes tellement surprenans, que plusieurs physiciens anglais très distingués étaient enclins à révoquer en doute la précision des mesures de leurs compatriotes. Dès que j'ai eu connaissance des résultats obtenus dans l'Inde, je me suis efforcé de démontrer (1) qu'ils

---

(1) *L. c.*, t. III. p. 303, t. XIV, p. 6, 22, 50.

ne pouvaient avoir été altérés que très peu par le jeu des réfractions terrestres, et que la prodigieuse élévation des neiges sur la pente tubetaine de l'Himâlaya s'expliquait de la manière la plus satisfaisante par le rayonnement du plateau voisin, par la sérénité du ciel et la rareté des neiges qui tombent dans un air très froid et d'une extrême sécheresse.

La justesse de ces aperçus que j'ai développés dans un mémoire publié en 1820, s'est trouvée confirmée (1) par les travaux récens de M. Pentland. Dans le Haut-Pérou (aujourd'hui république de Bolivia), cet excellent observateur a trouvé la limite inférieure des neiges :

---

(1) Arago, dans l'*Annuaire* pour 1830, p. 331.

Au Volcan d'Arequipa, lat. aust. 16°20	à 5400 m. de haut.
Au Nevado d'Incocayo, lat. aust. 15°58	à 5133
Au Nevado d'Illimani, lat. aust. 16°42	à 5140
Au Nevado de Tres Cruces, lat. a. 16°30	à 5209
Au Nevado de Chipicani, lat. a. 17°48	à 5181
Moyenne (latitude, 16°—17 3/4)	à 5213 m. ou 2674 t.

Le même voyageur, qui a répandu tant de jour sur la géologie des Andes de Bolivia, tandis que M. Boussingault continue à éclairer celle des Andes de Colombie, a porté des baromètres de Fortin au sommet des montagnes de Porco et de Potosi, entre 19° 36′ et 19° 45′ de latitude, à 2487 et 2507 toises de hauteur, par conséquent bien au-dessus de la limite qu'atteignent les neiges à Quito, et sans en trouver la moindre trace.

Il résulte de l'ensemble des données qui ont été recueillies jusqu'ici, que le *maxi-*

mum de toutes les limites des neiges a été observé dans l'hémisphère austral, par 16° et 17° $\frac{3}{4}$ de latitude; mais que cette hauteur est peu supérieure à celle de la pente septentrionale de l'Himâlaya, par les 31° de latitude nord. A égale distance de l'équateur, au nord et au sud, la neige tombe sporadiquement au Mexique (sans doute par l'effet des vents du nord et du nord ouest, soufflant d'un continent prolongé vers le pôle boréal), à 1200 et 1500 toises, dans la république de Bolivia à 1900 ou 2000 toises de hauteur au-dessus du niveau de l'Océan (1).

---

(1) « Pendant le séjour que je fis à la ville de Chuquisaca (lat. 19° 2', haut. 1458 toises), du 13 janvier au 26 mars, je ne vis jamais tomber un seul flocon de neige, quoiqu'il pleuve abondamment dans cette saison. Je voyageai dans les provinces de

Si les circonstances locales, c'est-à-dire un grand nombre de causes *superposées*,

---

Chuquisaca et de Cochabamba, du 26 février au 1er avril, et quoique les pluies fussent continuelles, elles ne se convertirent pas en neige entre 1000 et 1600 toises de hauteur. Je ne commençai à voir tomber de la neige que lorsque j'avais atteint l'élévation de 1990 toises, près Caracollo. » (Pentland, *Notes manuscr.*) C'est un résultat très digne d'attention que le rapport qui existe entre la hauteur (α) de la limite inférieure des neiges perpétuelles et le minimum de hauteur (β), à laquelle il tombe de la neige sporadiquement. Différence $\alpha - \beta$ sous l'équateur; à Quito = 600 toises; à Bolivia (lat. aust. 16° — 19°) = 720 toises; au Mexique (lat. bor. 19°) de 850 à 1350 toises. La différence augmente d'abord à mesure que α diminue : elle est dans le sud de l'Espagne, près de Grenade, de plus de 1700 toises. Ce n'est que depuis le parallèle de 36° ou 37° que sporadiquement en Europe et en Afrique, il commence à tomber de la neige jusqu'au niveau

variables selon la configuration du sol et la nature particulière du climat, ren-

---

de la mer. Parmi les diverses causes qui influent à la fois sur α et $\alpha - \beta$, la chaleur estivale est plus puissante sur α, le refroidissement hiémal plus puissant sur $\alpha - \beta$. Les deux quantités sont fonctions du décroissement du calorique en différentes saisons, et les observations de M. Pentland prouvent que β ne diminue pas toujours en raison des latitudes, parce que la hauteur même de α suit d'autres lois. La différence $\alpha - \beta$ atteint son *maximum* dans l'Ancien Continent, par les 36° ou 37° de latitude, et diminue de nouveau vers le nord. Dans le système des climats d'Europe, elle n'est plus que 1400 toises par 45° ½ et 600 toises par 67° de latitude; c'est-à-dire elle est près du cercle polaire ce qu'elle est à l'équateur, quoique les valeurs absolues de α soient dans ces deux zones, dans le rapport de 1 à 4. Pour se former une idée plus précise de cette valeur variable ($\alpha - \beta$), de l'effet du décroissement du calorique dans une seule

dent inégale la hauteur des neiges à Quito, au Mexique et à Bolivia, en différentes parties de la zone torride, ces hauteurs n'en offrent pas moins une harmonie frappante dans chaque groupe de montagnes et sous chaque zone partielle. Nous venons de voir que dans cinq mesures prises

---

saison de l'année, il faut distinguer entre la température de la couche d'air dans laquelle la neige se forme et la température des couches à travers lesquelles la neige passe en agrandissant ses flocons, avant de se fondre et de se réduire en pluie. La grandeur et l'état de consistance des cristaux agrégés en flocons s'opposent inégalement à la fonte, à température égale des flocons et des couches d'air qu'ils traversent (*Relat. hist.*, t. I, p. 110). Des circonstances météorologiques qui, au premier abord, paraissent entièrement analogues, rendent la rareté de la grêle, dans les basses régions tropicales, plus difficiles à expliquer (*L. c.*, t. I, p. 586 ; t. II, p. 272).

entre les 16° et 17° $\frac{3}{4}$ de latitude australe, la concordance est de 135 toises. Au Mexique, j'ai trouvé le *maximum* de la limite des neiges :

Au volcan Pepocatepetl............	2342 toises.
Au Nevado d'Iztaccihuatl...........	2355
Au Nevado de Toluca............	2295

Ces différentes hauteurs coïncident dans la même saison à 60 toises près ; six mesures dans les Cordillères de Quito, entre 0° et 1° 28′ S., s'accordent mieux encore. Voici les résultats que j'ai obtenus :

Rucu Pichincha..................	2455 toises.
Huahua Pichincha................	2460
Antisana.........................	2493
Corazon..........................	2458
Cotopaxi.........................	2490
Chimborazo......................	2471

L'effet total si complexe relativement

à la multiplicité des causes qui le déterminent, est par conséquent le même dans une zone de peu d'étendue. Chacune de ces zones offre un système de climats particulier, système dans lequel le mouvement annuel de la chaleur se manifeste sous les mêmes types de refroidissement des couches aériennes, de formation de neige plus ou moins abondante, de transmission de la chaleur que rayonnent les plateaux voisins.

En réunissant dans un même tableau le peu d'élémens numériques précis que nous possédons jusqu'à ce jour, on reconnaît facilement que la limite des neiges est à la fois *fonction* des températures normales de l'été (α) ou des mois les plus chauds et de l'année entière (β). Elle décroît plus rapidement que α et beaucoup plus lentement que β. Nous sommes forcés de nous borner dans ce tableau à l'indication de la température des basses régions au niveau des mers, tandis que pour embrasser d'un coup d'œil toutes les conditions du problème, il faudrait pouvoir offrir en même temps la hauteur, l'étendue et la température des plateaux environnans, le degré de sécheresse hivernale de l'air, l'épaisseur des neiges à l'entrée de l'été, la mesure de la diaphanité de l'atmosphère dont dépend l'intensité de l'irradiation, et le nombre des jours brumeux ou sereins pendant la saison la plus chaude de l'année.

CHAINES de MONTAGNES.	LATITUDES.	Limite inférieure des neiges porpétuelles en toises.	TEMPÉRATURE moyenne DES PLAINES.	
			Dans l'annee entière Th. cent	Dans l'été Th. cent.
Cordillères de Quito.....	0° — 1° 1/2 S.	2460	27°,7	28°,7
Cordillères de Bolivia....	16° —17° 3/4 S.	2670		
Cordillères du Mexique...	19° —19° 1/4 N.	2350	25°,4	27°,5
Himâlaya, pente sept..	30° 3/4—31° N.	2600	22°,0	28°,0
pente mér.		1950		
Pyrénées. ...	42° 1/2—43° N.	1400	15°,2	23°,8
Caucase.	42° 1/2—43° N.	1700		
Alpes.	45° 3/4—46° N.	1370	13°,2	22°,6
Carpathes....	49° —49° 1/4 N.	1330	9°,2	20°,0
Altaï........	49° —51° N.	1000		
Norwège. intérieur.	61° —62° N.	850	4°,2	16°,3
intérieur.	67° —67° 1/4 N.	600		
intérieur.	70° —70° 1/4 N.	550	—3°,0	11°,2
côtes. ...	71° 1/4—71° 1/2 N.	366	+0°,2	6°,3

En comparant les Pyrénées, le Caucase, les Alpes et les Carpathes, placés sous les 42° ½ et 49° de latitude (par conséquent dans des zones où les températures annuelles des plaines diffèrent de 6° et les température des étés à peine de 3°,8), on remarque, malgré la différence de 6° ½ de latitude, que les influences de la distance polaire se manifestent moins que celles de la position plus orientale des lieux. Les hauteurs de la limite des neiges varient, dans les quatre chaînes que nous venons de nommer, de 370 toises, ce qui est un peu plus que les différences que l'on observe, sous les tropiques, entre les Cordillères du Mexique ou de Quito et celles de Bolivia. En jetant les yeux sur la *Carte hypsométrique* de l'Amérique méridionale que je viens de publier (1), et en examinant l'étendue des

(1) *Atlas géogr. et physique du Nouv. Cont.*, pl. 3.

aires d'un côté de l'immense plateau de Bolivia, entre le Volcan de Gualatieri, les villes de Potosi, Chuquisaca (ou la Plata) et Cochabamba, le Nevado de Zorata, Puno et le Volcan d'Arequipa; de l'autre, l'aire du petit plateau de la province de Quito, entre l'Assuay et la Villa de Ibarra, on parvient à se rendre compte des effets du rayonnement et de l'élévation de la ceinture neigeuse. Les largeurs des Cordillères, en les évaluant dans une direction perpendiculaire à leur axe, offrent, dans le plateau de Quito et dans le plateau de Titicaca (sans ajouter à celui-ci, le contrefort de Cochabamba), le rapport de 1 : 4 ½ ou 1 : 5. D'autres contrastes sont plus remarquables encore. La hauteur moyenne des hautes plaines rayonnantes est, dans la première de ces régions, au plus de 1450 toises ; dans la seconde, de 1900 toises. Sous l'équateur, près de Quito, il règne un ciel brumeux et couvert, effet de la proximité des forêts ; dans les Andes de Bolivia, l'été présente la plus constante diaphanité de l'air. Entre la Mer du Sud et la Cordillère occidentale de Quito (à la pente du Volcan de Pichincha et dans la province de Las Esmeraldas), le sol est couvert d'un ombrage touffu de vieux arbres qui versent des torrens de vapeurs dans l'atmosphère. Au contraire entre la Mer du Sud et la Cordillère occidentale de Bolivia (vers Arica et Quilca), le littoral est extrêmement aride et dépourvu de végétation. Dans le plateau équatorial de Quito, près de la limite des neiges perpétuelles (où la température se soutient uniformément de jour entre 4° et 8°, de nuit entre — 2° et — 5°,5), j'ai vu neiger dans toutes les parties de l'année ; dans le plateau du Haut-Pérou ou de Bolivia, il ne tombe, d'après les observations de M. Pentland, ni pluie, ni neige, depuis le mois de mars jusqu'au mois de novembre; et ce qui plus est, même dans la saison des pluies périodiques qui embrasse dans les régions alpines l'intervalle de temps de novembre à avril, les nuits sont généralement belles et sereines. Si l'on ajoute à ces circonstances relatives à la configuration du sol et à l'état de la végétation, les contrastes de sécheresse et d'humidité habituelles de l'atmosphère à Bolivia et à Quito, on connaît l'ensemble des causes qui expliquent la grande hauteur et la moindre épaisseur des neiges sous les 19° de latitude australe.

J'aurais pu terminer ces considérations sur les pouvoirs absorbans et émissifs du *sol*, par l'examen des changemens que l'homme produit à la surface des continens, en abattant les forêts, et en modifiant la distribution des eaux. Ces changemens sont moins importans qu'on l'admet généralement, parce que, dans l'immense variété de causes *superposées*, dont dépend le type des climats, les plus importantes ne sont pas restreintes à de petites localités, mais dépendent de rapports de position, de configuration, de hauteur, de prépondérance des vents sur lesquels la civilisation n'exerce pas d'influence sensible. J'aurais pu traiter aussi de l'oscillation périodique de la chaleur dans les couches de la terre les plus rapprochées de la surface, et de ces crevasses et ouvertures circulaires par lesquelles, même dans l'état actuel de notre planète, l'atmosphère reçoit l'influence de la haute température de l'intérieur, influence que l'on désigne par le mot vague d'*action volcanique*, et qui, jadis multipliée et agrandie, a pu donner un climat de palmiers, de bambousiers, de fougères arborescentes et de coraux lithophytes aux régions voisines des pôles. Je pourrais, avec MM. Cordier, Kupffer et d'Omalius (1), renouveler une question déja agitée il y a soixante-cinq ans par Mairan (2), celle de savoir si des différences

---

(1) Cordier, dans les *Annales du Muséum d'Histoire Naturelle*, t. XV, p. 161; Kupffer, sur les lignes iso-géothermes, dans *Poggend. Annalen fur* 1829, *st.* 2. *D'Omalius d'Halloy*, *Élémens de Géologie*, 1831, p. 421.

(2) *Mémoires de l'Académie des Sciences pour* 1765, *Hist.* p. 14. Mairan admettait que l'écorce solide de la terre était plus épaisse sous les tropiques que dans la zone tempérée.

d'épaisseur de la croûte oxidée et solide du globe produisent ces inégalités de l'accroissement de température qu'on découvre par différentes latitudes dans les couches superposées du sol, mais les bornes de ce Mémoire, déja si étendu, ne me permettent pas d'entrer dans des discussions qui ne sont pas intimement liées à la théorie de la Climatologie comparée.

II. Océan. — Comme l'enveloppe aquatique de la superficie du globe offre à l'irradiation solaire trois fois plus d'aire que les terres soulevées au-dessus du niveau des eaux, la connaissance précise de la distribution de la chaleur dans l'Océan est (nous le répétons ici) de la plus haute importance pour la théorie des lignes isothermes en général. C'est cette connaissance de la Climatologie des mers qui a été perfectionnée depuis le commencement du 19e siècle bien plus que la Climatologie des continens. J'en ai fait l'objet d'une étude particulière, et j'ai publié très récemment encore, à la fin du troisième volume de mon *Voyage aux régions équinoxiales* (1), les élémens numériques qui sont les résultats de mes recherches. Deux fluides, l'eau et l'air, contribuent à rendre la distribution de la chaleur plus uniforme, et à mêler les diverses températures qui résultent de l'inégale ab-

(1) Chap. XXIX, p. 514—530. L'état le plus habituel de l'Océan depuis l'équateur jusqu'aux 48° de latitude boréale et australe est celui où la surface liquide est plus chaude que l'atmosphère dont elle est recouverte. Dans les mers des tropiques, je trouve pour résultat moyen de la différence des températures, à midi et à minuit 0°,76 cent. Les plus grands écarts sont 0°,2 et 1°,2. (*L. c.*, p. 523.)

sorption et émission de la chaleur sur la surface des continens.

Les mers s'échauffent moins à leur surface que le sol, parce que les rayons solaires, avant de s'éteindre entièrement, pénètrent à une plus grande profondeur, et parce qu'ils traversent un plus grand nombre de couches du liquide diaphane. L'eau possède un pouvoir rayonnant très considérable, et la surface de l'Océan se refroidirait considérablement par rayonnement et par évaporation, si, à cause de la mobilité des molécules qui composent l'élément aqueux, les parties refroidies dont la densité augmente, ne tendaient pas continuellement à se diriger vers les régions inférieures. Les expériences de Blagden, de Berzelius et d'Adolphe Erman prouvent que, dès que les eaux ont le plus faible degré de salure, le maximum de densité n'est plus à 4°,4 du thermomètre centésimal. La salure de la mer devient par conséquent la cause de deux phénomènes très importans pour la Physique du globe; elle abaisse, relativement à l'eau pure, le point de la plus grande condensation, et elle produit par évaporation (par un changement d'état accompagné de *ségrégation* chimique) une grande partie de la tension électrique de l'atmosphère. Depuis que l'on connaît l'accroissement continu de la densité des eaux de mer liquides, on devait être surpris de voir, au-delà du cercle polaire, augmenter la température avec la profondeur. Tel était cependant le résultat uniforme des expériences (1) de lord Mulgrave,

(1) Voyez le tableau qui réunit les observations de plusieurs navigateurs dans *Pouillet*, *Elém. de Physique*, t. II, p. 689.

de Scoresby, Ross et Parry. Il est d'autant plus digne de remarque, que le capitaine Beechey (1) a trouvé, dans les environs du Détroit de Behring, les eaux polaires, à 20 brasses de profondeur — 1°4 ; à la surface + 6°,3 ; et qu'en général il a trouvé les eaux les plus froides toujours dans les couches inférieures. Quant aux basses températures au-dessous de 6° qui règnent à de grandes profondeurs dans les mers subtropicales (M. d'Urville, dans l'expédition de l'Astrolabe, a puisé, à la profondeur de 820 brasses et par 19° 20′ de lat. austr., de l'eau à 4°,5 ; le capitaine Kotzebue à 525 br. et par lat. 32° 10′ à 2°,5), je crois avoir prouvé, dès l'année 1812, que ces basses températures ne peuvent être que l'effet d'un courant sous-marin des pôles vers l'équateur. La densité relative des molécules d'eau est

(1) *Voyage*, t. II, p. 132.

affectée à la fois par les différences de chaleur et de salure, et le courant sous-marin serait dirigé en sens inverse (de l'équateur aux pôles), si la différence de salure seule agissait sur la densité. Cet état d'équilibre exige de nouvelles recherches numériques, depuis les nombreuses expériences sur la pesanteur spécifique de l'eau de mer par différentes latitudes australes et boréales, recueillies pendant de longues navigations, par M. Lenz (1) et le capitaine Beechey (2).

III. Atmosphère. — L'interposition de l'air modifie tous les effets terrestres de la chaleur du soleil. Une théorie mathématique des climats doit considérer l'atmosphère

---

(1) Poggend., *Ann.* 1830, st. 9.

(2) *Voyage to the Pacific*, t. II, p. 727.

de deux manières, soit comme renfermant dans son sein des causes calorifiques ou frigorifiques, soit comme recevant, par contact, les températures dévelopées à la surface du globe (dans l'Océan et les continens), soit enfin comme transportant ces températures par l'effet des courans. Cette communication par contact est si lente que, dans les nombreuses expériences de M. Arago sur l'irradiation du sol, on trouve quelquefois 8° à 10° de différence entre le sol et des couches d'air à 2 pouces de hauteur. Les couches atmosphériques, condensées par leur propre poids, s'échauffent faiblement par l'extinction de la lumière; mais, à de certaines hauteurs, des amas de vapeurs vesiculaires augmentent cette extinction, et produisent des effets remarquables (1) sur la vitesse du décroissement

(1) *L. c.*, t. III, p. 513; *Recueil d'Observat. as-*

du calorique et le mouvement presque périodique des nuages dans un sens vertical. Aussi, des phénomènes de dilatation ou d'évaporation se manifestent dans l'atmosphère humide, phénomènes qui sont produits par cet élément même, et qui deviennent des causes d'un refroidissement local. L'influence de ces causes diminue avec l'état de sécheresse et avec celui de la rareté de l'air (1) dans les régions très élevées.

---

tronom., t. I, p. 127; et *Mém. d'Arcueil,* t. III, pag. 590. Déja Aristote avait considéré la hauteur des nuages et leur densité comme des phénomènes qui dépendent de l'ascension de la chaleur et qui contribuent à en modifier l'action. *Arist. Opera omnia,* t. II, ed. Casaub., p. 327, 458.

(1) Voyez les *Notes* et *Additions* si importantes pour la Physique générale dans l'ouvrage classique de M. Poisson, *Nouv. Théorie de l'action capillaire,* p. 273.

Tel est l'ensemble des phénomènes de la distribution de la chaleur que j'ai tâché de présenter dans leur plus grande généralité, en distinguant un à un les effets complexes des causes *superposées*. Il importe au progrès des sciences de découvrir les liaisons réciproques de ces effets, de déduire des phénomènes généraux les lois empiriques, qui se révèlent dans leur immuable succession, et d'offrir à la théorie mathématique des climats, là du moins où cette théorie peut assujétir les phénomènes au calcul, des *élémens numériques* discutés avec soin, et fondés sur une longue suite d'observations dans les régions les plus éloignées du globe.

INCLINAISONS

DE L'AIGUILLE AIMANTÉE

OBSERVÉE EN 1829, PENDANT LE COURS D'UN VOYAGE DANS LE NORD OUEST DE L'ASIE ET A LA MER CASPIENNE,

PAR A. DE HUMBOLDT.

LIEUX D'OBSERVATIONS.	LATITUDE boréale.	LONGITUDE orientale de Paris.	INCLINAISON (anc. div.)			ÉPOQUES 1829.
			Aiguille A.	Aiguille B.	Moyenne des deux aiguilles.	
1. Berlin...........	52°31′13″	11° 33′0″	. .	. . .	68°30′,7	9 avril.
2. Kœnigsberg........	54 42 50	18 9 40	69°25′,2	69°26′,5	69 25 8	17 avril.
3. Sandkrug...........	55 42 13	18 47 30	69 40 4	69 39 3	69 39 8	20 avril.
4. Saint-Pétersbourg..	59 56 31	27 59 30	71 3 4	71 10 0	71 6 7	6 déc.
5. Moscou...........	55 45 13	35 17 0	68 57 5	68 56 0	68 56 7	6 nov.
6. Kasan...........	55 47 49	46 44 9	» » »	» » »	68 26 7	10 mai.
7. Ekatherinenbourg..	56 48 57	58 17 43	69 9 8	69 9 7	69 9 7	15 juill.
8. Beresovsk...	56 54 36	58 27 31	.	.	69 13 2	20 juin.
9. Nijney Tagilsk....	57 54 57	57 42 26	. . .	. .	69 29 8	30 juin.
10. Nijney Turinsk...	58 41 0	57 40 0	70 57 5	70 59 9	70 58 7	2 juill.
11. Tobolsk...........	58 12 39	65 58 25	70 58 0	70 53 3	70 55 6	23 juill.
12. Barnaoul...........	53 19 21	81 50 3	68 8 8	68 10 8	68 9 8	1 août.
13 Zmeïnogorsk.......	51 8 49	80 15 15	66 5 9	66 5 1	66 5 5	8 août.
14. Oust-Kamenogorsk.	49 56 15	80 47 13	64 48 0	64 47 2	64 47 6	20 août.
15. Omsk.............	54 59 7	71 35 3	68 56 3	68 52 2	68 54 2	27 août.
16. Petropavlovski	54 52 23	67 21 49	68 18 2	68 18 6	68 18 4	30 août.
17. Troitsk..........,	54 4 45	59 43 0	67 14 6	67 13 7	67 14 2	3 sept.
18. Miask.............	54 59 0	58 2 0	67 41 3	67 39 0	67 40 2	6 sept.
19. Zlatooust..........	55 9 0	57 46 0	67 42 9	67 43 6	67 43 2	9 sept.
20. Kyschtim........ ...	55 57 0	58 16 0	68 44 4	68 47 5	68 45 9	12 sept.
21. Orenbourg.........	51 45 51	52 46 15	64 41 5	64 39 9	64 40 7	23 sept.
22. Ouralsk...........	51 11 49	49 1 43	64 18 5	64 20 2	64 19 3	28 sept.
23. Saratow...........	51 31 12	43 46 13	64 39 1	64 42 7	64 40 9	4 oct.
24. Sarepta...........	48 30 25	42 15 54	62 16 6	62 15 2	62 15 9	9 oct.
25. Astrakhan.........	46 21 12	45 46 57	59 59 7	59 57 0	59 58 3	20 oct.
26. Ile Birutchicassa...	45 43 42	45 19 6	59 21 6	59 21 2	59 21 4	15 oct.
27. Woroneje	51 39 0	36 51 0	65 9 2	65 14 9	65 12 0	29 oct.

Remarques. N° 1. Conjointement avec l'astronome royal, M. Encke, au jardin de Bellevue, j'avais trouvé, en décembre 1806, incl. 69°53′; en décembre 1826, par une aiguille, 68°38′, par l'autre 68°40′, moyenne 68°39′. Diminution annuelle : 3′,7. Une observation faite en 1829 m'avait donné, toujours pour le même lieu et avec le même instrument de Gambey, 68°30′10″.

N° 2. Conjointement avec M. Bessel, sur le rempart, près de l'Observatoire.

N° 3. Sur l'isthme appelé la Nehrung, à une petite auberge, en plein air, vis-à-vis Memel.

N° 4. A l'île des Apothicaires, au jardin botanique, conjointement avec M. Kupffer. Je crois l'observation moins précise que celles qui suivent ou qui précèdent.

N° 5. A Sokolnikowa Pole, dans la même ferme, près de la ville de Moscou, où M. Adolphe Erman avait observé deux ans auparavant. La latitude de cette ferme est, d'après MM. Hansteen, Due et Erman 55°47′16″. Mon tableau indique la latitude de la tour d'Iwan Weliki.

N° 6. Conjointement avec l'astronome, M. Simonoff.

N° 7—10. A la pente asiatique de l'Oural. Nijney Tagilsk est le centre des riches alluvions d'or et de platine de M. de Demidoff.

N° 11. Sur le massif où avait observé l'abbé Chappe. Pour l'année 1806, l'astronome Schubert trouva incl. 78°0′ (*Bode, Astron. Jahrbuch*, 1809, p. 163.)

N° 13. La fameuse mine d'argent, connue sous le nom de Schlangenberg, à la pente occidentale de l'Altaï.

N° 14—17. Sur la limite du step des Kirghiz (ligne des Cosaques de l'Irtyche, du Tobol et de l'Ichyme).

N°s 18 et 19. Dans l'Oural méridional.

N° 24. Dans le step des Kalmuks.

N° 26. Ile de la Mer Caspienne.

N° 27. Observation très pénible, par un vent qui menaçait à chaque instant de renverser ma tente.

Les vingt-sept observations d'Europe et de Sibérie que renferme le tableau précédent, ont été faites avec le plus grand soin. Pour juger du degré de précision qui a été obtenu en employant simultanément deux aiguilles dont les pôles ont été tournés à chaque observation, j'ai ajouté les résultats partiels. L'erreur moyenne de toutes les observations, ou plutôt la différence moyenne des deux aiguilles de la boussole de Gambey (construction de Borda) a été de 1',7; souvent elle a été même au-dessous d'une minute (ancienne division). J'ai constamment observé en plein air, dans des endroits dont je pouvais déterminer la position astronomique et la hauteur au-dessus du niveau de la mer, au moyen d'instrumens de réflexion, de deux montres de longitude et de deux excellens baromètres de Fortin et de Bunten. En Sibérie, comme dans la Cordillère des Andes, j'ai mis beaucoup d'attention dans le choix des lieux d'observation, en me plaçant constamment loin de la demeure des hommes. Ce soin est surtout indispensable pour la détermination de l'intensité des forces magnétiques. Je n'ai point encore eu le loisir, depuis mon retour de Russie, de terminer les réductions de température qui sont indispensables pour la publication des observations d'intensité. Il suffit de rappeler ici que j'ai fait osciller plusieurs cylindres dans chaque lieu, et qu'ainsi, par mes seules observations (1), les différens *systèmes de forces* sous l'équateur magnétiques au Pérou, à l'Orénoque, à Mexico, à Paris, à Madrid, à Berlin, à Kasan, à Tobolsk et sur les rives de l'Obi, se trouvent liés et comparés entre eux. J'ai tiré grand parti, dans ce dernier voyage, d'une tente dont tous les anneaux métalliques étaient en *cuivre rouge;* je n'en ai cependant fait usage que lorsque les pluies et

---

(1) *Relat. hist.*, t. III, p. 615, 623 et 627.

l'horrible violence des vents du sud est, qui soufflent des plaines de la Tatarie, m'y ont forcé. Sans cette tente, beaucoup d'observations sur le magnétisme terrestre auraient été perdues pour la science.

NOTICE

SUR

LA POSITION ASTRONOMIQUE DE QUELQUES LIEUX

DANS LE SUD OUEST

DE LA SIBÉRIE,

PAR A. DE HUMBOLDT.

(Extrait d'un Mémoire lu à l'Institut au mois d'octobre 1830.)

Les positions astronomiques renfermées dans le tableau des inclinaisons qui précède, diffèrent de celles qui correspondaient à ces mêmes inclinaisons, lorsque je les publiai pour la première fois en Allemagne, dans les *Annales de Physique* de M. Poggendorf. En réimprimant aujourd'hui ce tableau, j'ai pu y ajouter les résultats de mes propres observations astronomiques (1), calculées

---

(1) Il faut excepter, parmi les positions (6—27)

et discutées de nouveau par M. Oltmanns, membre de l'Académie de Berlin. La partie de l'Asie, entre la pente S. O. des Monts Altaï et le Haut-Irtyche se trouve placée dans nos cartes trop à l'ouest de près de trois quarts de degré. La longitude de Tobolsk, que la *Connaissance des temps* indique (1) par $4^h\ 23'\ 4''$, résulte d'après le calcul exact du passage de Vénus observé par l'abbé Chappe, selon Triesnecker, de $4^h\ 23'\ 58'',7$; selon Encke, $4^h\ 23'\ 45'',0$. Je suis arrivé au commencement du mois d'août 1829 sur les bords de l'Ob, et j'ai trouvé (en admet-

---

qui succèdent à celle de Kasan, les latitudes et longitudes de Nijney Tourinsk, de Zlatooust et de Woronèje, de même que les longitudes (non les latitudes) de Troïtzk et de Miask.

(1) En se fondant probablement sur *Berliner Astron. Jahrbuch*, 1809, p. 162.

tant pour Tobolsk 4^h 23′ 53″,7), par le transport du temps, pour la ville de Barnaoul, au pied de l'Altaï, long. 5^h 27′ 20,″2 (lat. 53° 19′ 21″); pour la célèbre mine de Zmeinogorsk (1), long. 5^h 21′ 1″ (lat. 51° 8′ 49″). Des distances lunaires me donnent une longitude un peu plus grande encore. La position plus orientale de cette partie de l'Asie et du pays limitrophe de la Dzoungarie chinoise a été confirmée par un excellent observateur auquel la théorie du magnétisme terrestre doit des progrès si marquans, par M. Hansteen qui a visité Barnaoul deux mois après moi. Il a trouvé cette ville par 5^h 27′ 12″ de longitude à l'est de Paris.

---

(1) D'après la *Conn. des Temps*, pour 1830 : Barnaoul, 5^h 24′ 27″.

En avançant sur la ligne des Cosaques de l'Irtyche, le long du step de la *horde moyenne* des Kirghiz par les fortins de Semipolatinsk (1) (lat. 50° 23′ 52″, long. 5h 13′ 42″), Oust-Kamenogorsk (latitude 49° 56′ 15″, long. 5h 23′ 9″) et de Bourkhtarminsk (lat. 49° 34′ 46″, long. 5h 26′ 45″) par la mine de Zyrianovski (lat. 49° 43′ 9″, long. 5h 29′ 46″) et le *Vorpost* de Krasnoïarskoï (2) (lat. 49° 14′ 55″, long. 5h 29′ 27″).

(1) Pour comparer mes observations de latitude avec celles de M. Hansteen qui vraisemblablement ne se rapportent pas toujours aux mêmes lieux d'habitation, j'ajoute ici les résultats suivans que le savant norwégien a déja publiés: Semipolatinsk, 50° 24′ 2″; Barnaoul, 53° 19′ 50″; Schlangenberg, 51° 9′ 18″; Omsk, 54° 59′ 17″

(2) Il ne faut pas confondre cette station des Cosaques, où j'ai observé dans les nuits du 16 et

Vers la limite australe de la Sibérie on trouve, sur le territoire de la Dzoungarie, le petit campement chinois de Khoni-maïlakhou (1) que les Russes appellent Baty. Des motifs de prudence faciles à deviner m'ont engagé à n'observer que deux verst et demi à l'est de Khoni-maïlakhou, dans un lieu solitaire où j'ai pu prendre des hauteurs du soleil couchant. Ce point a été lié par des relèvemens à Krasnoyarsk et Khoni-maïlakhou, dont la longitude résulte de $5^h\ 28'\ 3'',7 = 82°\ 0'\ 55'',5$, en supposant pour la latitude $48°\ 57'\ 0''$. Je consignerai ici la position astronomique d'un autre point

---

18 août, et qui est située 3 verst à l'ouest de Mali-Narym, avec d'autres lieux de ce nom qui est si commun en Sibérie.

(1) Voyez plus haut dans cet ouvrage, p. 12.

très isolé dans le step des Kalmuks, entre le Wolga et le Iaïk, et qui ne se trouve point dans les tables de position de l'Empire russe, au perfectionnement desquelles M. le général de Schubert, chef du bureau topographique de l'état-major, travaille avec un zèle et un succès si louables. J'ai trouvé Dumbovka par long. $2^h\ 55' 15''$, et le bord sud ouest (1) du lac Elton, célèbre par son étendue et la salure de ses eaux, dont M. Gustave Rose va publier l'analyse chimique, par latitude $49° 7' 24''$ et long. $2^h\ 57' 10'',8$, en supposant Astrakhan, avec M. Wisniewski, $3^h\ 3' 0''$. La *Connaissance des Temps* place Moscou de $1'$ à $4'\ 15''$ en arc (2), Tobolsk,

(1) J'ai observé à cent toises de distance au sud de l'église de la saline d'Elton.

(2) Selon que l'on a pris pour la longitude de

de 12′ 25″, trop à l'ouest, tandis que la vraie longitude de Kasan est (1) de 13′ 15″ ou 16′ 36″ plus occidentale qu'on ne l'admet communément; erreurs qui influent sur la configuration du pays fertile entre l'Oka, le Wolga et la pente européenne de la chaîne de l'Oural.

En imprimant cette notice astronomique je n'ai point eu connaissance d'un nouveau mémoire de M. Hansteen, publié dans les *Astron. Nachr.* de M. Schumacher, 1830, n° 198, p. 6, et dans lequel cet astronome s'arrête à des longitudes moins orientales que celles qui ont été publiées dans le *Bulletin de la Société Imp. de Moscou*,

---

Moscou celle de la grande tour d'Ivan Veliki, ou celle de l'Université.

(1) Selon que l'on a voulu indiquer l'Observatoire ou le Kremlin de Kasan.

1829, cah. 12 (*Bibl. univ.*, août 1830, p. 409). Ce n'est point ici le lieu de discuter ces longitudes, qui dépendent en partie de celle de Tomsk, qu'on doit supposer plus à l'est qu'on l'admettait avant les derniers calculs du passage de Vénus observé à Tobolsk. Les latitudes de M. Hansteen sont restées telles que je les ai comparées aux miennes à la page 576, note 1.

RICHESSE DE L'OR

DANS

LA CHAINE DE L'OURAL.

Pour se former une idée précise de la richesse de l'or et du progrès des exploitations dans l'Oural, nous consignerons ici les résultats suivans fondés sur des documens officiels :

Les alluvions aurifères de l'Oural ont donné, de 1814 à 1828, la masse de 1551 poud ou 25,405 kilogrammes.

1823	105 poud	38 livres d'or.
1824	206	31
1825	237	22
1826	231	39
1827	282	—
1828	291	3
1829	287	30
1830	355	0

De 1821 à 1830, l'Oural a fourni 2054 poud d'or (un poud a 40 livres russes ≙ 16$^{kil.}$,38). Une pépite d'or, trouvée dans l'alluvion de Tzarevo Alexandrovski, près de Miask dans l'Oural méridional, à peu de pouces de profondeur, pèse 24 livres 69 zol. ou 43 $\frac{1}{4}$ marcs. Le platine recueilli dans l'Oural a été

en 1828	93	poud	33 livres.
1829	78		31
1830	105		1

La plus grande pépite de platine trouvée jusqu'ici pèse 20 livres 2 $\frac{1}{2}$ zolotnik. Sur l'exploitation de l'argent aurifère de l'Altaï, voyez plus haut, p. 27.

Lorsque je quittai l'Amérique en 1804, toutes les colonies espagnoles fournissaient annuellement en argent 3,460,000 marcs (le Mexique seul 2,340,000 marcs) ; en or 45,000 marcs. Depuis la découverte de l'Amérique jusqu'en 1803, les colonies espagnoles ont donné en 311 années 3,625,000 marcs d'or et 512,700,000 marcs d'argent. Les fondemens de ces calculs se trouvent réunis dans mon *Essai politique sur la Nouvelle-Espagne* (2ᵉ édit.), t. III, p. 398—471. Tout l'argent sorti en Amérique du sein de la terre depuis trois siècles formerait une sphère de 85 pieds de diamètre.

NOTICE HISTORIQUE

DU VOYAGE DE M. DE HUMBOLDT

EN SIBÉRIE

ET DE LA DÉCOUVERTE DES DIAMANS SUR LA PENTE EUROPÉENNE DE L'OURAL.

(Extrait de l'Analyse des Travaux de l'Académie Royale des Sciences pendant l'année 1830, par M. le Baron CUVIER.)

Dans une des séances du mois d'octobre, M. de Humboldt, un des huit associés de l'Académie des Sciences, a passé rapidement en revue les résultats principaux du voyage qu'il a fait, sous les auspices de S. M. l'Empereur de Russie, conjointement avec MM. *Ehrenberg* et *Gustave Rose*, aux mines de l'Oural et de l'Altaï, aux frontières de la Dzoungarie chinoise et à la Mer Caspienne, voyage de plus de 4,500 lieues. Pendant une seule année (celle de 1829), quatre expéditions scientifiques très remarquables ont été entreprises dans cette partie de l'Ancien Continent : celle de M. de Humboldt, celle de M. *Parrot* fils au sommet de l'Ararat, qu'il a trouvé couvert de laves d'obsidienne, et de 452 mètres plus élevé que le Mont-Blanc ; celle de M. *Kupffer* à la montagne trachytique d'Elbrouz dans le Caucase, qui atteint à la hauteur de 5,000 mètres ; enfin, le grand voyage de MM. *Hansteen* (de Christiana), *Due*, et *Adolphe Erman* de Berlin, entrepris dans le but de déterminer les lignes magnétiques depuis Pétersbourg jusqu'au Kamtchatka.

M. de Humboldt s'est embarqué à Nijnei Nowgorod sur le Wolga, pour descendre à Kasan et aux ruines tartares de Bolgari. De là il est allé, par Perm, à Iekatherinebourg, sur la pente asiatique de l'Oural, vaste chaîne composée de plusieurs rangées presque parallèles, dont les plus hauts sommets atteignent à peine quatorze ou quinze cents mètres, et qui suit, comme les Andes, depuis les formations tertiaires voisines du Lac Aral jusqu'aux roches de grünstein voisines de la Mer Glaciale, la direction d'un méridien. M. de Humboldt a visité, pendant un mois, les parties centrales et septentrionales de l'Oural, si riches en alluvions qui contiennent de l'or et du platine, les mines de malachite de Goumechevskoi, la grande montagne magnétique de Blagodad, les fameux gisemens de topaze et de béryl de Mourzinsk. Près de Nijni Tagilsk, contrée que l'on peut comparer au Choco de l'Amérique du Sud, on a trouvé une pépite de platine du poids de plus de huit kilogrammes. D'Iékatherinebourg, le voyage se dirigea par Tioumen à Tobolsk sur l'Irtyche, et de là par Tara, le step de Baraba, redouté à cause de la piqûre d'insectes de la famille des tipules qui y abondent, à Barnaoul sur les rives de l'Ob, au lac pittoresque de Kolyvan et aux riches mines d'argent du Schlangenberg, de Riddersk, et de Zyrianovski, placées sur la pente sud-ouest de l'Altaï, dont le plus haut sommet, appelé par les Kalmuks *Iyictou* (montagne de Dieu), ou *Alastou* (montagne pelée), et exploré récemment par le botaniste M. Bunge, atteint presque l'élévation du Pic de Ténériffe. La production annuelle en argent des mines de Kolyvan est de plus de 76,000 marcs. En se dirigeant de Riddersk au sud vers le fortin d'Oust-Kamenogorsk, MM. de Humboldt, Ehrenberg et Rose passèrent par Boukhtarminsk à la frontière de la Dzoungarie chinoise ; ils obtinrent même la permission de franchir la frontière pour visiter le poste mongol de Baty ou Khoni-maïlakhou, point très central de l'Asie (au nord du lac Dzaïzang), qui se trouve, d'après les déterminations chronométriques de M. de Humboldt, par les 82° de longitude, par conséquent presque dans le méridien de Patna et de Katmandou. En retournant de Khoni-maïlakhou à Oust-Kamenogorsk, les voyageurs virent sur les rives solitaires de l'Irtyche, par une longueur de plus de cinq mille mètres, le granite divisé en bancs presque horizontaux et épanché sur un schiste dont les lits sont en partie inclinés de 85°, en partie entièrement verticaux. Du fortin d'Oust-Kamenogorsk, on longea le step de la Horde Moyenne des Kirghiz par Semipolatinsk et Omsk, par les lignes des Cosaques de l'Ichim et du

Tobol, pour atteindre l'Oural méridional. C'est là que près de Miask, sur un terrain de très peu d'étendue, à quelques pouces sous terre, on a trouvé trois *pépites* d'or natif, dont deux avaient le poids de 28 et la troisième de 43 $\frac{1}{4}$ marcs. Les voyageurs longèrent l'Oural méridional jusqu'aux belles carrières de jaspe vert près d'Orsk, où la rivière poissonneuse du Iaïk brise la chaîne de l'est à l'ouest; de là ils se dirigèrent par Gouberlinsk à Orenbourg (ville qui, malgré son éloignement de la Mer Caspienne, se trouve déja au-dessous du niveau de l'Océan, d'après les mesures barométriques faites, pendant une année entière, par MM. Hofmann et Helmersen); puis, à la fameuse mine de sel gemme d'Iletzki, située dans le step de la Petite Horde des Kirghiz; au chef-lieu des Cosaques d'Ouralsk, qui, munis de crochets, prennent de nuit de leurs mains, en plongeant, des esturgeons de 4 pieds $\frac{1}{2}$ à 5 pieds de long; aux colonies allemandes du Gouvernement de Saratow sur la rive gauche du Wolga ; au grand lac salé d'Elton, dans le step des Kalmuks ; et par Sarepta (belle colonie des Frères Moraves), à Astrakhan. Le but principal de cette excursion à la Mer Caspienne , était l'analyse chimique de l'eau que devait faire M. Rose , l'observation des hauteurs barométriques correspondantes à celles d'Orenbourg, de Sarepta et de Kasan ; enfin la collection des poissons de cette mer intérieure, pour enrichir le grand ouvrage sur les poissons de MM. Cuvier et Valenciennes. En effet, le Muséum d'Histoire Naturelle du Jardin des Plantes a reçu , par M. Ehrenberg, plus de 30 espèces de la Mer Caspienne et de différens fleuves de la Russie européenne et asiatique. Les poissons du lac Baïkal ont été demandés par M. de Humboldt. D'Astrakhan, les voyageurs retournèrent à Moscou par l'isthme qui sépare le Don et le Wolga près de Tichinskaya, par le pays des Cosaques du Don, Woroneje et Toula.

C'est pendant le cours de cette expédition qu'a été faite, au commencement du mois de juillet 1829, la découverte importante des diamans de l'Oural par M. le comte de Polier et un jeune minéralogiste très distingué de l'école de Freiberg, M. Schmidt, natif de Weimar, qui avaient accompagné M. de Humboldt depuis Nijnei Nowgorod. Des analogies géognostiques entre les formations du Brésil et de l'Oural, et l'identité d'association de certains minéraux dans les régions les plus éloignées du globe, avaient fait naître chez

M. de Humboldt, de même que chez M. d'Engelhardt (1), professeur de minéralogie à Dorpat, la ferme persuasion de l'existence des diamans dans les terrains d'alluvions aurifères et platinifères de l'Oural, du Choco et de la Sonora. M. de Humboldt

(1) Voyez un mémoire intéressant sur le gisement des diamans de l'Oural, et sur leurs rapports avec une dolomie noire chargée de carbone (*Die Lagerstätte der Diamanten im Ural-Gebirge*, p. 13 et 23), par M. Maurice d'Engelhardt, publié à Riga en 1830. Déja, dans le premier voyage que cet excellent géologue avait fait dans l'Oural, sous les auspices de M. le comte de Cancrin, ministre des finances qui encourage noblement toutes les recherches scientifiques, il avait énoncé l'espoir que des diamans seraient trouvés dans les environs de Nijnei-Toura. (Voyez la lettre de M. d'Engelhardt, dans le *Journal de Pétersbourg*, 1826, n° 118. (Note de M. de Humboldt.)

s'était occupé de cette recherche avec beaucoup d'ardeur, conjointement avec MM. Rose et Schmidt, dès son arrivée à Iékatherinebourg, en examinant à la loupe les résidus des lavages; mais ses recherches ne furent pas couronnées de succès, et la découverte du diamant par le comte de Polier et M. Schmidt, eut lieu sur la pente européenne de l'Oural, huit lieues au nord est de Bissersk, dans les alluvions de Krestowosdvijenski, trois jours après que ces voyageurs eurent quitté l'expédition dans les environs de Kouchwa et de Tourinsk, pour passer le dos de la chaîne centrale et revenir sur Perm.

EXTRAIT D'UNE LETTRE

DE M. ROULIN A M. DE HUMBOLDT,

SUR DE NOUVELLES ÉRUPTIONS VOLCANIQUES DANS LA CHAINE CENTRALE DE CUNDINAMARCA.

Vous m'avez fait, Monsieur, l'honneur de me citer (1) conjointement avec M. Boussingault, relativement à une nouvelle éruption volcanique dans la chaîne des Andes; et remarquant que nous rapportons la colonne de fumée, moi, au Pic de Tolima, lui, au Paramo de Ruiz, vous supposez, ou qu'il a écrit par inadvertance *Ruiz* pour *Tolima*, ou que de Marmato, point d'où il observait, il a pu confondre les deux

(1) Voyez plus haut dans cet ouvrage, page 157.

sommets voisins. Permettez-moi de vous présenter à ce sujet quelques remarques qui pourront rendre compte du désaccord qui semble exister entre nos deux témoignages, sans qu'il soit nécessaire de supposer une erreur de ma part ou de celle de notre ami commun, M. Boussingault.

La même cause qui, ainsi que vous en faites la remarque, détermine le soulèvement fréquent des cones volcaniques dans le voisinage de la mer, savoir la moindre résistance opposée par les couches solides de la croûte terrestre, semble avoir également déterminé la position du Pic de Tolima. Ce volcan s'est fait jour, non pas à travers toute la masse qui avait été soulevée dans un mouvement plus général et probablement fort antérieur, mais sur le flanc oriental; de sorte que son sommet est de deux à trois minutes plus à l'est (1) que la ligne culminante du Nevado de Ruiz. Placé ainsi hors de la chaîne centrale, ce Pic ne s'aperçoit que de la Vallée de la Magdeleine. De Marmato on ne peut le voir : c'est un fait dont je me suis assuré plusieurs fois, en examinant de ce lieu et des collines voisines les sommets neigeux de la Cordillère qui, souvent au lever, et même au coucher du soleil, se distinguaient très nettement. Vous concevrez aisément que M. Boussingault, observant à Marmato, a dû rapporter la colonne de fumée, non point au cône qui lui était caché, et dont il ne pouvait connaître précisément la position, mais au sommet neigeux au-des-

(1) C'est ainsi que l'indique aussi la carte du Rio Magdalena de M. de Humboldt. Voyez son *Atlas géographique et physique de l'Amérique méridionale*, Pl. 24.

sus duquel cette colonne se projetait. Pour moi, placé à Santa-Ana, c'est-à-dire de l'autre côté de la montagne, je voyais la fumée sortir, non du sommet de Tolima, mais d'un vallon qui existe entre ce cône et la chaîne principale; ce qui semblait indiquer que l'éruption se faisait par le flanc occidental du volcan. C'est de ce même côté qu'a dû s'opérer l'éruption de 1595, et voici les raisons qui me portent à le croire : 1° si l'éruption se fût faite par le sommet, on eût remarqué très probablement quelque chose de plus que la fonte des neiges; 2° c'eût été la ville d'Ibagué qui eût le plus souffert, et non pas les plaines d'Ambalema, Piedras, etc., qui en sont distantes de 10 à 12 lieues.

L'éruption se fit donc sur le versant occidental du Pic, de manière à déboucher dans les vallées longitudinales qui courent parallèlement à la chaîne principale, mais en s'abaissant vers le nord, et en recueillant les eaux dont se forme le Rio Guali qui passe à Mariquita et à Honda. Ce fut cette rivière qui se grossit et charria des cendres. Dans le cas contraire, c'eût été sur les rivières de Cuello, de Combayma, etc., que les mêmes effets se fussent fait apercevoir.

J'ai raisonné jusqu'à présent, dans la supposition où l'éruption signalée par M. Boussingault était la même que celle dont j'avais parlé; mais j'ai eu, depuis peu, des motifs de croire qu'il pourrait bien s'agir, dans nos récits, de deux faits différens. D'abord, le sien se rapporte à 1829, et le mien à 1826; or, dans un espace de 3 ans, il n'y aurait rien de surprenant à ce qu'il fût apparu une nouvelle colonne de fumée dans un autre point de la Cordillère. Il faut se souvenir que cette partie de la chaîne, quoique n'ayant point été connue jusqu'aux dernières années, comme possédant de volcans proprement dits (puisque l'éruption de 1595 , dont j'ai retrouvé la preuve dans le manuscrit du P. Simon, était oubliée des habitans), on n'en avait pas moins constaté, sur un assez grand nombre de points, l'existence de phénomènes volcaniques, dans le sens général que vous attachez à ce mot. Outre l'Azufral de Quindiù (1), et les fissures d'où se dégagent des vapeurs acides d'une température très élevée , on trouve, plus vers le nord, diverses solfatares, dont la position géographique est aujourd'hui presque ou-

(1) Voyez plus haut, p. 158.

bliée, les habitudes des indigènes de race cuivrée et des blancs étant devenues bien plus sédentaires que ne l'étaient celles de leurs ancêtres. Cependant on va encore aujourd'hui au Paramo de Santa Isabel chercher du soufre et de l'alun, ou, pour mieux dire, un sulfate d'alumine à base simple, dont je crois que M. Boussingault a donné l'analyse. Je pourrais ajouter que sur toute cette pente orientale de la montagne, et jusqu'aux dernières extrémités de ses rameaux latéraux, on trouve de nombreuses sources d'asphalte, appelé dans le pays *Nemé* ou *Mene*. C'est l'existence d'une pareille source qui a valu à un petit village situé à deux milles à l'est de Mariquita, son nom de *Boca-Neme*. J'ai moi-même trouvé deux sources d'asphalte sur la rive droite du Rio Verde; enfin, dans des lieux que je n'ai pas visités, je sais qu'il en existe de si abondantes, que se deversant sur le chemin, elles forment un véritable obstacle au passage ; de sorte que de temps en temps il faut mettre le feu à la masse poisseuse dans laquelle hommes et bêtes s'empêtrent les pieds.

Mais voici un fait qui en dit plus que toutes les conjectures, pour faire admettre l'existence d'une éruption de fluides élastiques et de fumée sur deux points différens de la chaîne.

Au mois de juin 1828, un de mes amis, M. Pavajeau, négociant français établi à Santa Fe, se rendant à cette ville en venant de Guaduas, aperçut de grand matin, des hauteurs du Raizal, une colonne de fumée qui s'élevait perpendiculairement de l'extrémité nord de la grande *table nei-*

geuse que vous avez désignée, avec Caldas et avec tous les habitans de Bogota, par le nom de *Hervè*. Il y a donc eu, à ce qu'il paraît, éruption sur deux points ; or, ce pourrait bien être de la dernière qu'a voulu parler M. Boussingault.

Vous savez, Monsieur, qu'il y a eu autrefois des communications assez actives entre la vallée du Cauca et celle de la Magdeleine par le chemin d'Hervè. C'était une route très fréquentée par les contrebandiers, et où, pour le dire en passant, plusieurs ont, à ma connaissance, failli périr de faim, se trouvant retenus, par l'inondation subite et prolongée du Guarino, dans une gorge à parois verticales. Or, les hommes qui fréquentaient cette montagne, et ceux qui y passent, maintenant que les exploitations de la Vega de Supia ont été reprises, tous donnent le nom de *Mesa* ou *Paramo de Hervè* à une vaste plaine couverte de graminées, qui se trouve au point culminant du chemin, et ils nomment *Ruiz* la table neigeuse qui se trouve au sud de cette plaine ; peut-être M. Boussingault a-t-il donné au mot de *Ruiz* la même application. Peut-être alors voudrez-vous savoir comment ces hommes appellent les petits sommets en partie neigeux qu'à Bogota on nomme collectivement *Paramo de Ruiz* ; je ne connais pas assez la topographie de ces lieux, et je crois même qu'on ne donne aucun nom particulier à ces pointes de rochers visibles de très loin.

Paris, 29 mai 1831.

FIN.

TABLE
DES MATIÈRES.

TOME PREMIER.

bancs de gypse; sources thermales; métaux déposés dans les filons; tremblemens de terre dont les effets ne sont pas toujours purement dynamiques. Ancienne température du globe, dépendant de la chaleur primitive de la surface et des communications (établies à travers la croûte crevassée) entre l'atmosphère et l'intérieur de la planète. Les progrès du rayonnement de la surface et l'interception de ces communications amènent un état dans lequel les rapports de position vis-à-vis un corps central (le soleil) déterminent seuls la différence des climats, p. 1-8 (389-391). — Introduction de matières d'une grande densité dans des crevasses, après la solidification et l'aplatissement de la planète. Causes géognostiques du peu d'harmonie qu'offrent les observations de pendule, les mesures trigonométriques et la théorie des inégalités lunaires. Action souterraine des fluides élastiques; soulèvement et âge relatif des chaînes de montagnes; formation de la grande dépression du sol autour de la Mer Caspienne et dans l'intérieur des terres vers Saratov, Orenbourg, le cours inférieur du Sihoun, et l'Amou-Deria. Pays-cratère de la terre et de la lune, p. 9-12 (91-99, 136-138). — Connaissances de l'intérieur de l'Asie, acquises sur la frontière de la Dzoungarie chinoise et sur la ligne des Cosaques stationnés le long du step des Kirghiz. Entrepôts importans de commerce; communication du sud de la Sibérie avec la province d'Ili, avec Tourfan, Aksou, Khotan, Iarkend et Kachemir, avec Boukhara, Tachkend, Khokand et Samarkand, p. 13-14. — Colonie militaire mongole de Tchougoutchak, p. 15. — Notions sur les phénomènes volcaniques autour du lac Alakoul. Lac Balkachi. Itinéraire de Semipolatinsk à Kouldja dans la province d'Ili. Montagne conique, Aral-toubé, qu'on croit avoir vomi du feu, p. 16-23. — Développe-

le Kara-tau vers Taraz. Sources chaudes et tigres de Soussak, p. 51-54. — Des basses régions qui s'étendent de l'Altaï aux Montagnes Célestes, et des Montagnes Célestes au Kuen-lun, les premières sont à peu près ouvertes à l'ouest, les secondes sont fermées par une haute chaîne transversale. Orographie du Bolor ou Belour-tagh. Haute station de Pamir. Difficulté d'y allumer du feu anciennement reconnue, p. 55-57. — Route du lac Temourtou et de Khokand à Kachghar. Passage ou Kachghar-davan. Sources thermales d'Arachan et glacier, entre Ili et Koutché, p. 58-63. — Extrémité occidentale des Montagnes Célestes. Chaîne neigeuse d'Asferah (dont le point culminant est entre les sources de l'Oxus et de l'Iaxartes). Cette chaîne se prolonge vers Samarkand, sous le nom d'Ak-tagh. Le Bolor traverse à angle droit, comme un filon, la chaîne de l'Asferah et du Thian-chan, et se rattache au Ming-boulak. Complication des soulèvemens de différens âges, entre Khokand, Kachghar, Derwaze et Fyz-abad, p. 64-67. — Rapports géologiques entre le Thian-chan et les trachytes du Caucase, entre l'Himâlaya ou l'Hindou kho et le Taurus, p. 68.

III. Système du *Kuen lun* ou *Koulkoun*, p. 69-72.

C'est le système de montagnes qui borde le Tubet vers le nord. Le Kuen lun et l'Himâlaya sont deux branches de l'Hindou kho. La ramification commence à l'ouest du Bolor entre les méridiens de Fyz-abad et le Balkh. Les hauts plateaux de Ladak, du Tubet oriental et de la province de Katchi, peuvent être considérés (dans l'hypothèse du soulèvement des chaînes à travers des crevasses) comme des masses contenues entre les deux branches d'un même filon. — Partie occidentale du Kuen lun : le Thsoung ling ou Tartach dabahn se rattache au filon transversal du Bolor. — Partie orientale du Kuen lun : grand nœud de montagnes du Khoukhou - noor. Liaison avec le Nan chan et Ki lian chan, qui bordent le désert de Chamo ou Gobi vers le sud, comme le groupe des montagnes du Tangout (dans le méridien de Hami) borde le même désert vers le nord.

IV. Système de l'*Himâlaya*, p. 73-84.

C'est le système de montagnes qui forme la limite méridionale du Tubet. Points culminans (Djavahir et Dhavalaghiri) comparés aux points culminans des Andes, p. 74. — Dans les méridiens d'Attok et de Djellal-abad, entre Kaboul, Kachemir, Ladak et le Badakhchan, l'Himâlaya, le Thsoung ling et l'Hindou kho se rapprochent tellement qu'ils ne pa-

le fond d'une vallée longitudinale, bordée par deux chaînons, p. 88-90. Grande dépression de l'ouest de l'Asie. Surface du Lac Aral plus élevée que celle de la Caspienne. Nivellemens de MM. de Parrot et Engelhardt, Duhamel et Anjou, Hofmann et Helmersen. Roches volcaniques qui percent dans le grand affaissement autour de la Caspienne, à travers les formations tertiaires. — Considérations générales sur les diverses époques du soulèvement du plateau de l'Asie centrale, des quatre systèmes de montagnes dirigés de l'est à l'ouest, du Bolor et de l'Oural. Le soulèvement du plateau central dont le grand axe est dirigé S. O.—N. E., semble coïncider avec la formation de la dépression, ou de l'affaissement du terrain entre la Caspienne, le Iaïk et le Bas-Sihoun. Tradition sur une langue de terre qui a traversé jadis la Mer Caspienne. Soulèvement très récent de l'Oural. p. 99-96,

140, 381, 382. — Contrastes entre la configuration du sol de la Sibérie à l'est et à l'ouest du méridien d'Irkoutsk. Monts Aldan. Pentes et contre-pentes au nord et au sud des montagnes Célestes, p. 197-99. Traces de l'action récente du feu volcanique dans l'intérieur de l'Asie :

Volcan de Pè chan (ou Echik bach), entre Korgos et Koutché. Description de ses coulées de lave, p. 100-110. Son éloignement de la mer (de trois à quatre cents lieues) comparé à l'éloignement océanique des volcans du Mexique, de Cundinamarca et du Kordofan. Position astronomique de la côte occidentale du Lac Aral déterminée par M. Lemm. Causes de la rareté des volcans dans l'intérieur des continens, p. 110-115, 123.

Solfatares d'Ouroumtsi, appelées Plaine enflammée et Fosse des cendres, à l'est du Pè chan, sur la pente septentrionale des Montagnes Célestes, p. 104-106, 116.

à ceux de Bakou ou de la presqu'île Abchéron. Eruption ignée et soulèvement du sol près Iokmali, p. 129, 173, 174. — Des formations autour de la Mer Caspienne. Liaison du sel gemme, des sources de naphte et des salses. Mélaphyres avec grenats se faisant jour à travers les granites, les syénites, les porphyres quarzifères et les calcaires secondaires, au nord de l'ancienne embouchure de l'Oxus. Affleuremens anciens des filons d'or de l'Oural et de l'Altaï. De l'origine des alluvions aurifères. Parallélisme des systèmes de montagnes contemporaines, p. 130-143.

Sur une nouvelle éruption volcanique dans les Andes de Cundinamarca, par *M. de Humboldt*, p. 144.

Position du Pic de Tolima, dans le chaînon central, p. 144-149. — Rapports avec les volcans encore actifs de Puracé, près Popayan et du Rio Fragua, p. 149-151.

Phénomènes volcaniques en Chine, au Japon, et dans d'autres parties de l'Asie orientale, par M. Klaproth, p. 195-235.

Puits de feu et d'eau salée du Szu tchhuan, ayant 1500 à 1800 pieds de profondeur. Manière de les forer au moyen d'un mouton soulevé par une corde. Gaz hydrogène conduit à de grandes distances pour servir à l'éclairage et à l'évaporation des eaux salées, p. 195-207 —Puits de feu au sud de la montagne de Siang thaï chan, qui ont brûlé depuis le second jusqu'au treizième siècle de notre ère, p. 209.—Rocher crénelé de Py kia chan éclairé de nuit par un feu souterrain, p. 210.—Flammes sortant des Ho chan ou Montagnes de feu des provinces de Kouang si et de Chan si. Caverne du Vent. Houilles et briques combustibles composées de houille pilée. Gaz portatif servant à cuire les mets, p. 211-217.—Série de volcans dans l'île Formose, les îles

TOME SECOND.

expliquer ce phénomène, la Géologie n'a pas besoin d'avoir recours à l'hypothèse d'un refroidissement instantané. Habitation actuelle du tigre royal sur une étendue continue de 40° degrés en latitude, depuis le Cap Comorin jusqu'aux parallèles de Berlin et de Hambourg, p. 381-395.

Recherches sur les causes des inflexions des lignes isothermes, par M. de Humboldt, p. 398.

Supposition d'un sphéroïde d'une masse homogène et d'une même courbure. Parallélisme des lignes isothermes, isothères et isochimènes. Egalité des pouvoirs absorbans et émissifs, à égales latitudes. Causes perturbatrices de différens ordres, altérant le parallélisme normal des lignes d'égale chaleur, p. 398-403.

Climat, dans son acception la plus générale. Modifications optiques de l'atmosphère. Transmission et interférence de la lumière,

p. 404-406. — Analyse de l'effet total des influences calorifiques. Les causes perturbatrices se réduisent toutes dans leurs actions à l'idée d'une hétérogénéité par rapport aux pouvoirs absorbans et émissifs de la chaleur, p. 406-413. — Distinction entre les phénomènes physiques qu'on peut soumettre au calcul et lier par des lois mathématiques, et les phénomènes qu'on ne peut atteindre que par la voie de l'induction et de l'analogie. Méthode de grouper les observations partielles, de fixer par l'expérience les élémens numériques des mouvemens périodiques de la chaleur à la surface du globe, et de découvrir des lois empiriques, par une disposition particulière des résultats moyens, p. 413-417.

Coefficiens des variations horaires de la température. Eloignement des époques proméridiennes et postméridiennes auxquelles il faudrait observer pour obtenir, par le résultat moyen d'une seule heure, la température moyenne de l'année. Harmonie qu'offre cet éloignement (de 11^h 11 à 11^h 14) par différens degrés de latitude (entre les parallèles de 45° et 56°), p. 418-419. — La demi-somme des températures moyennes de deux heures de même dénomination est, à moins d'un degré centésimal près, égale à la moyenne de l'année entière. Courbe de la température diurne, considérée dans les portions placées des deux côtés du sommet, p. 420-421. — Effets périodiques de la chaleur manifestés dans la courbe des mois. Accroissemens et décroissemens symétriques, par rapport à la distance aux solstices. Jour moyen, représentant en quatre divisions les quatre saisons de l'année. Jours qui représentent les températures moyennes de l'année, p. 422-426.

Causes perturbatrices, considérées une à une ou superposées. Climat solaire et climat réel. Moyen d'isoler ce qui dans l'effet total est produit par le manque d'homogénéité de la superficie du globe, p. 427-433. — Manière d'envisager l'action de l'inégale distribution locale des pouvoirs absorbans et émissifs sur l'oscillation des courbes d'égale chaleur. Lois empiriques du magnétisme terrestre dans les trois grandes manifestations d'inclinaison, de déclinaison et d'intensité, comparées aux lois empiriques de la distribution de la chaleur sur le globe. Changemens de forme que l'on observera par la suite des siècles dans les trois courbes isothermes, isothères et isochimènes; les deux dernières de ces courbes sont plus sujettes à des variations sensibles que les courbes d'égale chaleur annuelle, p. 434-439.

Enumération des causes qui élèvent ou abaissent la température. Classification générale, d'après la nature des signes positifs ou négatifs, p. 439-442.—Désavantage de cette classification abstraite. Considération de l'état actuel du globe terrestre, ce globe étant enveloppé de couches fluides élastiques et non élastiques, p. 440-444.

I. *Sol.* Climatologie des plaines. Vues générales sur l'étendue, la position relative et la configuration des continens. Aires des parties solides, continentales et opaques ; des parties liquides, pélagiques et diaphanes. Prépondérance d'étendue et homogénéité de la surface du bassin des mers. La cause principale des inflexions des lignes d'égale chaleur sur le globe est la position relative des masses opaques et diaphanes. Formes des limites. Configuration des continens. Hémisphère aquatique, hémisphère continental. Double manière d'envisager l'accumulation relative des terres et des mers en latitude et en longitude, p. 445-453. — Configuration en masses continues et articulées. In-

méridien, sur la longueur de 136° de latitude, p. 474-479. — Rapports numériques de l'agroupement des terres équatoriales, p. 480-481. — Effets de l'irradiation. Température des continens, comparée à la température de l'atmosphère océanique dans la zone intertropicale, p. 482-492. — Influence de la répartition géographique des peuples qui ont une civilisation européenne, sur les progrès de la Climatologie. Le décroissement des températures moyennes de l'équateur au pôle est le plus rapide entre les parallèles de 40° et 45° de latitude, parce que la variation du carré du cosinus exprime la loi de la température. Importance de cette zone terrestre sur l'industrie des nations agricoles, p. 493-496. — Etat de la surface du sol, d'après sa couleur, sa perméabilité pour la chaleur, sa nudité ou fertilité végétale, son humidité ou sa sécheresse habituelles. Roches. Déserts arides. Steps et savanes,

p. 497-506. — Forêts. Triple mode d'action des arbres soit en abritant le sol contre l'irradiation solaire, soit en faisant naître par l'action vitale et la transpiration cutanée des feuilles une forte évaporation aqueuse, soit en multipliant les surfaces rayonnantes par l'expansion laminaire de ces mêmes organes appendiculaires, p. 507-517. — Humidité du sol; eaux stagnantes, marais boisés ou nus, rivières, p. 518-520.

Relief du sol : montagnes, plateaux qui sont des rescifs ou hauts-fonds dans l'océan aérien. Influences que les parties élevées des continens exercent sur leur propre surface et sur le climat des plaines voisines. Courans descendans. Oscillations des couches de nuages dans le sens vertical. Influence des neiges sporadiques qui couvrent les montagnes jusqu'au commencement de l'été sur le climat des plaines de la zone tempérée, p. 521-524. —

Décroissement du calorique, modifié par les saisons, la fréquence des neiges, la rapidité des pentes et la position des plateaux, p. 525. — Discussion de tous les phénomènes qui modifient l'abaissement des surfaces isothermes de l'équateur au pôle. Effets complexes des causes superposées de la limite des neiges perpétuelles. Cette limite est tantôt supérieure, tantôt inférieure à la couche de l'atmosphère dont la température moyenne est zéro, p. 521-536. — Oscillation annuelle de la limite des neiges. Hauteur à laquelle la neige tombe sporadiquement entre les tropiques, au nord et au sud de l'équateur. Comparaison des limites des neiges perpétuelles sous l'équateur (à Quito), aux Cordillères du Mexique et de Bolivia et sur les deux pentes de l'Himâlaya, p. 537-544. — Harmonie qu'offrent les observations et uniformité des phénomènes dans chaque groupe de mon-

---

ERRATA

DU TOME SECOND.

P. 312, l. 10, *lisez :* Selijarovka Rèka.
P. 314, l. 8, *lisez :* Perevostchikov.
P. 316, l. 1, *lisez :* Konjekovskiï Kamen.
P. 326, l. 19, *lisez :* Chehrsabez.
P. 385, l. 12, *lisez :* Bakchiëva.
l. 13, *lisez :* Petropavlovski.
l. 15, *lisez :* Poloudennaya Krepost.
P. 562, l. 1, deux, *lisez :* trois.

COLLECTION

DES

OUVRAGES QUI COMPOSENT

LE

VOYAGE AUX RÉGIONS ÉQUINOXIALES DU NOUVEAU CONTINENT, DE MM. DE HUMBOLDT ET BONPLAND.

(Extrait de l'*Analyse des travaux de l'Académie Royale des Sciences, pendant l'année 1830*, P. I, p. 101.)

M. de Humboldt, en offrant à l'Académie la fin du 3e volume de la *Relation historique* de son *Voyage aux Régions équinoxiales du Nouveau Continent*, a annoncé que de l'ensemble de ses publications sur l'Amérique, qui renferment plus de treize cents planches, il ne reste plus à faire paraître qu'un seul volume de la *Relation historique*, et quelques feuilles du *Recueil d'Observations de Zoologie et d'Anatomie comparée*, dans lesquelles M. Valenciennes terminera la description des coquilles fluviatiles et marines trouvées par MM. de Humboldt et Bonpland dans l'intérieur du Mexique et sur les côtes de la Mer du Sud. C'est ainsi que cette grande entreprise, uniquement soutenue par la bienveillance du public, et souvent interrompue, sera enfin terminée. Elle forme dans la grande édition 28 volumes, dont

17 in-folio et 11 in-quarto. On ajoutera des tables de matières très étendues, qui offriront, à chaque article de botanique, de géographie, de météorologie, de magnétisme terrestre ou de géographie astronomique, ce qui a rapport soit à l'Amérique équinoxiale seule, soit à la Physique du Globe en général. Voici l'indication des ouvrages publiés successivement par MM. de Humboldt, Bonpland et Kunth, et qui forment la collection entière :

Essai sur la Géographie des Plantes (1 vol. in-4°), plus amplement développé dans un ouvrage latin portant le titre de *Prolegomena de distributione geographica plantarum secundum cœli temperiem et altitudinem montium;* dans un mémoire sur les *rapports numériques* qu'offrent les différentes familles de végétaux à la masse entière des phanérogames, caractérisant la distribution des formes végétales sous chaque climat; enfin pour la *physionomie* des plantes, dans un mémoire inséré dans le second volume des *Tableaux de la Nature.*

Plantes équinoxiales (2 vol. in-fol.), par M. Bonpland.

Monographie des Rhexia et des Mélastomes (2 vol. in-fol.), par M. Bonpland.

Famille des Mimosacées et autres Plantes Légumineuses (1 vol. in-fol.).

GRAMINÉES RARES DE L'AMÉRIQUE ÉQUINOXIALE (1 vol. in-fol.).

NOVA GENERA ET SPECIES PLANTARUM (7 vol. in-fol., renfermant 700 planches), avec un *Synopsis* (4 vol. in-8°) sous forme d'extrait.

Ces 13 volumes de botanique descriptive, dont les derniers 9 ont été rédigés par M. *Kunth*, correspondant de l'Académie des Sciences et second directeur du Jardin Botanique à Berlin, sont accompagnés de figures gravées d'après les beaux dessins de M. Turpin.

OBSERVATIONS DE ZOOLOGIE ET D'ANATOMIE COMPARÉE (2 vol. in-4°).

RECUEIL D'OBSERVATIONS ASTRONOMIQUES, AVEC UN NIVELLEMENT BAROMÉTRIQUE ET GÉOGNOSTIQUE DE LA CORDILLÈRE DES ANDES, publié par MM. de Humboldt et Oltmanns (2 vol. in-4°). La partie géognostique est plus amplement développée dans l'*Essai sur le gisement des roches dans les deux hémisphères*.

TABLEAU PHYSIQUE DES RÉGIONS ÉQUINOXIALES. Toutes les observations qui ont rapport au *magnétisme terrestre* (à l'inclinaison, la déclinaison et l'intensité des forces magnétiques décroissantes selon des lois très-compliquées en apparence, de l'équateur aux pôles) se trouvent exposées dans les additions du troisième volume de la Relation historique qui vient de paraître, tandis que la Climatologie ou la distribution de la chaleur à la surface du globe a été traitée séparément par M. de Humboldt dans son mémoire sur les *lignes isothermes*.

Vues des Cordillères et monumens des peuples indigènes de l'Amérique (2 vol. in-fol.).

Essai politique sur la Nouvelle-Espagne (2 vol. in-4°), *avec un Atlas géographique et physique*, renfermant les coupes du plateau central. Une seconde édition de cet ouvrage, en 4 vol. in-8°, a paru en 1825.

Essai politique sur l'ile de Cuba (2 vol. in-8°), auquel est joint un mémoire sur la géographie astronomique des Antilles et les moyens de perfectionner les *tables de positions*, en indiquant les limites probables entre lesquelles, dans l'état actuel de nos connaissances, oscille chaque position.

Relation historique du Voyage aux Régions équinoxiales du Nouveau Continent (4 vol. in-4°), avec un *Atlas géographique et physique*, et l'analyse raisonnée des matériaux à l'aide desquels les cartes de l'Amérique méridionale ont été construites.

FIN DU TOME SECOND.

Printed in the United States
By Bookmasters